westermann

Level 9 Mathematik

Übungsheft

SEITE

Kapitel 4: Daten und Zufall

Kapitel 5: Maßstab und Ähnlichkeit

Kapitel 6: Strahlensätze

Kapitel 7: Satz des Pythagoras

SEITE

Kapitel 8: Pyramide, Kegel, Kugel

Alle Audios und Videos können auf der Homepage www.westermann.de/webcode mit dem im Heft vermerkten Webcode (z.B. WES-121590-001) abgespielt werden.

Auf den letzten Seiten der Kapitel findest du Aufgaben mit einem Stern. Diese Aufgaben fordern dich heraus.

Potenzen

Verkürzte Schreibweise für Produkte

Produkte, die aus mehreren gleichen Faktoren bestehen, können auch kürzer als Potenzen geschrieben werden. Das Ergebnis einer Potenz wird Potenzwert genannt.

Basis, Exponent

$3^5 = \underbrace{3 \cdot 3 \cdot \ldots \cdot 3}_{5\text{-mal}} = 243$

Potenz

Merke: $3^1 = 3$ oder allgemein $a^1 = a$

$3^0 = 1$ $a^0 = 1$

WEBCODE WES-121591-005

Produkte und Potenzen schreiben

(I) Schreibe als Produkt.

a) $5^4 = 5 \cdot 5 \cdot 5 \cdot 5 = 625$

b) $6^3 = 6 \cdot 6 \cdot 6 = 216$

c) $4{,}3^2 = 4{,}3 \cdot 4{,}3 = 18{,}49$

d) $3{,}125^0 = 1$

(II) Schreibe als Potenz.

a) $7 \cdot 7 \cdot 7 \cdot 7 \cdot 7 \cdot 7 = 7^6 = 117\,649$

b) $2{,}3 \cdot 2{,}3 = 2{,}3^2 = 5{,}29$

c) $\frac{3}{5} \cdot \frac{3}{5} \cdot \frac{3}{5} = \frac{3^3}{5^3} = \left(\frac{3}{5}\right)^3 = \frac{27}{125}$

1 Schreibe als Potenz und berechne den Potenzwert.

a) $8 \cdot 8 \cdot 8 =$ ____________

b) $2 \cdot 2 \cdot 2 \cdot 2 \cdot 2 =$ ____________

c) $\frac{1}{4} \cdot \frac{1}{4} \cdot \frac{1}{4} \cdot \frac{1}{4} =$ ____________

d) $1{,}3 \cdot 1{,}3 \cdot 1{,}3 =$ ____________

g) $2 \cdot 0{,}03 \cdot 2 \cdot 0{,}03 =$ ____________

h) $\frac{1}{2} \cdot \frac{2}{3} \cdot \frac{3}{2} \cdot \frac{3}{2} \cdot \frac{1}{2} =$ ____________

2 Berechne zuerst die Potenzwerte und setze dann die passenden Zeichen ein: <, = oder >.

a) 2^3 ___ 6　b) 3^3 ___ 27　c) 4^3 ___ 68　d) 7^2 ___ 72　e) 6^3 ___ 186　f) 3^2 ___ 2^5

g) 12^0 ___ 12　h) $5^0 + 2^3$ ___ 3^2　i) $\left(\frac{1}{2}\right)^3$ ___ 0,05　j) $3^2 \cdot 4^2$ ___ 144　k) $\left(\frac{1}{5}\right)^2$ ___ 0,4　l) 5^2 ___ 2^5

3 Für die Reihenfolge beim Rechnen mit Potenzen wird die **„Klapps"**-Regel angewendet: Zuerst **Kla**mmern, dann **P**otenzen und dann **P**unkt- vor **S**trichrechnung. Berechne.

a) $5 \cdot (3 + 4)^2$

b) $3 \cdot 4^3 - (7 - 2)^3$

c) $\frac{7}{9} - \left(\frac{2}{3}\right)^2 + \frac{2^2}{6}$

d) $\frac{4}{5} \cdot \left(\left(\frac{3}{2}\right)^2 - \left(\frac{5}{3}\right)^2 - \left(\frac{4}{3}\right)^2\right)$

4 Kaninchen und Hasen gelten als Symbole der Fruchtbarkeit, weil sie sehr viele Nachkommen zur Welt bringen können. Eine Kaninchenpopulation kann innerhalb eines halben Jahres seine Größe verdoppeln.

a) Gib an, aus wie vielen Tieren eine Kaninchenpopulation nach einem Jahr besteht, wenn es zu Beginn der Zählung 5 Tiere waren.

b) Berechne, die Zahl der Tiere, die nach 3 Jahren zu dieser Population gehören.

c) Benjamin behauptet: „Nach 5 Jahren sind das mehr als 5 000 Kaninchen." Überprüfe Benjamins Aussage und gib einen zugehörigen Rechenterm an.

Sehr große Zahlen übersichtlich darstellen

Potenzen mit der **Basis 10** werden Zehnerpotenzen genannt. Der Exponent einer Zehnerpotenz gibt an, wie viele Nullen die Zahl hat.

Basis – Exponent – Anzahl der Nullen

$10^4 = 10 \cdot 10 \cdot 10 \cdot 10 = 10\,000$

Zehnerpotenz – 4 Nullen

Vorsilben für große Zahlen:

Kilo	k	1 000	10^3
Mega	M	1 000 000	10^6
Giga	G	1 000 000 000	10^9
Tera	T	1 000 000 000 000	10^{12}

WEBCODE WES-121591-006

Große Zahlen mit Zehnerpotenzen schreiben

(I) Schreibe mit Zehnerpotenzen in Standardschreibweise.

1 Million = 1 000 000 = $\underbrace{10 \cdot \ldots \cdot 10}_{\text{6-mal Faktor 10}} = 10^6$

4 Hunderttausend = 400 000 = $4 \cdot \underbrace{10 \cdot \ldots \cdot 10}_{\text{5-mal Faktor 10}} = 4 \cdot 10^5$ (Stadardschreibweise)

(II) Schreibe die Zahl in Worten.

$10^{12} = \underbrace{10 \cdot \ldots \cdot 10}_{\text{12-mal Faktor 10}} = 1\,000\,000\,000\,000$ = 1 Billion

$2{,}3 \cdot 10^9 = 2{,}3 \cdot \underbrace{10 \cdot \ldots \cdot 10}_{\text{9-mal Faktor 10}} = 2{,}3 \cdot 1\,000\,000\,000$

= 2,3 Milliarden = 2 Milliarden 300 Millionen

1 Schreibe die Zahl mithilfe von Zehnerpotenzen in Standardschreibweise und als Wort.

a) 10 000 000 000 = ______ = ____________
b) 10 000 000 000 000 = ______ = ____________
c) 37 000 000 000 = ______ = ____________
d) 6 200 000 000 = ______ = ____________

2 Ergänze die Gleichung. Setze dafür den richtigen Exponenten ein.

a) $4000 = 4 \cdot 10^{\square}$
b) $11\,500 = 11{,}5 \cdot 10^{\square}$
c) $30\,900\,000 = 30{,}9 \cdot 10^{\square}$
d) $3\,007\,000\,000 = 3{,}007 \cdot 10^{\square}$
e) 6 205 000 000 = __________
f) 51 020 000 000 000 = __________

3 Entscheide, ob die folgenden Rechnungen richtig oder falsch durchgeführt wurden. Korrigiere gegebenenfalls.

a) $10^3 + 10^3 = 10^6$
b) $7 \cdot 10^2 = 70^2$
c) $10^2 \cdot 10^3 = 10^5$
d) $10^1 + 10^2 + 10^3 + 10^4 = 1\,000\,100\,010\,010$

4 Im Rahmen des Global Carbon Projects (GCP) werden die von Menschen verursachten CO_2-Emissionen als wichtigste Triebkräfte des Klimawandels weltweit gemessen.

a) Schreibe die in der nebenstehenden Grafik dargestellten Zahlen mit Zehnerpotenzen.
b) Die CO_2-Emissionen Deutschlands machten im Jahr 2023 etwa 1,8 % der weltweiten CO_2-Emissionen aus. Berechne diesen Anteil in Megatonnen pro Jahr (Mt/a).
c) Der tägliche CO_2-Ausstoß Chinas wird mit ca. 32 Mt angegeben. Vergleiche diesen Wert mit den Emissionswerten anderer Industriestaaten.

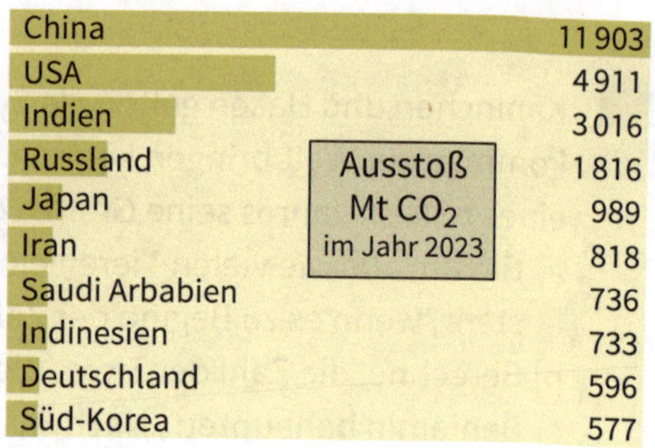

Zehnerpotenzen mit negativen Exponenten

Nachkommastellen übersichtlich darstellen

Ein negativer Exponent gibt bei einer Zehnerpotenz an, wie viele Stellen die Zahl nach dem Komma hat. Das negative Vorzeichen bedeutet, dass man das Produkt mit dem Kehrwert der Basis schreibt.

Basis; Negativer Exponent – Anzahl der Nachkommastellen

$10^{-2} = \frac{1}{10^2} = \frac{1}{10 \cdot 10} = \frac{1}{100} = 0{,}01$

Zehnerpotenz; 2 Stellen

WEBCODE WES-121591-007

Geringe Größen anschaulich schreiben

(I) Schreibe die Größe mit Zehnerpotenzen.

12 Mikroliter = 12 µℓ = 0,000012 ℓ

$= 12 \cdot \frac{1}{1\,000\,000}\,\ell = 12 \cdot \frac{1}{\underbrace{10 \cdot \ldots \cdot 10}_{6\text{-mal}}}\,\ell = 12 \cdot 10^{-6}\,\ell$

(II) Schreibe die Größe in Worten.

$3{,}3 \cdot 10^{-14}\,s = 33 \cdot 10^{-15}\,s = 33 \cdot \underbrace{\frac{1}{10} \cdot \ldots \cdot \frac{1}{10}}_{15\text{-mal}}\,s$

$= 0{,}000000000000033\,s$ = 33 Femtosekunden

1 Berechne zuerst die Potenzwerte und setze dann die passenden Zeichen ein: <, = oder >.

a) 10^{-3} ____ 10^{-2} b) 10^{1} ____ 10^{-1} c) 10^{0} ____ 10^{-4} d) 10^{-6} ____ $\frac{6}{1\,000}$

e) 0,0001 ____ 10^{-3} f) 10^{-5} ____ $\frac{1}{10^5}$ g) 10^{-12} ____ –0,12 h) 10^{-7} ____ $-(10^{7})$

i) $0{,}01^{3}$ ____ 10^{-6} j) $3 \cdot 10^{-2}$ ____ $\frac{1}{300}$ k) $\frac{3}{10\,000}$ ____ 0,0003 l) $5 \cdot 10^{-9}$ ____ $\frac{1}{2} \cdot 10^{-8}$

2 Potenz, Bruch und Dezimalzahl. Gib die jeweils fehlenden Schreibweisen an.

a) 10^{-7} = ____ = 0,0000001

b) ____ = $\frac{1}{10\,000\,000\,000\,000}$ = ____

c) $2{,}5 \cdot 10^{-9}$ = ____ = ____

d) ____ = ____ = 0,000000710

3 Gib die Größen mithilfe der Vorsilben in einer leichter zu erfassenden Wortschreibweise an.

Vorsilben für geringe Größen:

Dezi	d	0,1	10^{-1}
Zenti	c	0,01	10^{-2}
Milli	m	0,001	10^{-3}
Mikro	µ	0,000001	10^{-6}
Nano	n	0,000000001	10^{-9}
Piko	p	0,000000000001	10^{-12}
Femto	f	0,000000000000001	10^{-15}

$5 \cdot 10^{-5}$ ℓ = 50 Mikroliter = 50 µℓ

a) $17 \cdot 10^{-6}$ g = ____ = ____

b) $3 \cdot 10^{-3}$ s = ____ = ____

c) $11 \cdot 10^{-5}$ km = ____ = ____

d) $29 \cdot 10^{-9}$ t = ____ = ____

4 Vergleiche die gegebenen Größen.

a) Der Flügelschlag eines Moskitos dauert etwa 0,00099 Sekunden. Eine Libelle braucht etwa 0,033 Sekunden, um einmal mit den Flügeln zu schlagen. Bestimme, wie viel schneller der Moskito mit den Flügeln schlagen kann als die Libelle.

b) 2023 wurde der Nobelpreis für Physik an Pierre Agostine, Ferenc Krausz und Anne L' Huillier verliehen. Sie konnten Attosekunden-Lichtimpulse erzeugen und messen und so die Bewegungen von Elektronen in Materie untersuchen. Eine Sekunde hat eine Trillion Attosekunden. Rechne die Zeitspanne einer Attosekunde mithilfe von Zehnerpotenzen in Sekunden um.

Quadratwurzeln

Quadrieren und Wurzelziehen

Die Quadratwurzel (oder kurz Wurzel) einer positiven Zahl a ist genau die positive Zahl, die mit sich selbst multipliziert a ergibt: $\sqrt{a} \cdot \sqrt{a} = a$.
Das Wurzelziehen (Radizieren, *lat. Radix – Wurzel*) ist also die Umkehrung des **Quadrierens**.

Quadrieren

$\sqrt{16} = \sqrt{4^2} = 4$ denn $4 \cdot 4 = 4^2 = 16$

Radizieren

WEBCODE WES-121591-008

Quadratzahlen helfen beim Radizieren

Bestimme die Quadratwurzeln.

(I) $\sqrt{36} = 6$, denn $6 \cdot 6 = 6^2 = 36$
(II) $\sqrt{169} = 13$, denn $13 \cdot 13 = 13^2 = 169$
(III) $\sqrt{2{,}25} = 1{,}5$, denn $1{,}5 \cdot 1{,}5 = 1{,}5^2 = 2{,}25$
(IV) $\sqrt{0{,}09} = 0{,}3$, denn $0{,}3 \cdot 0{,}3 = 0{,}3^2 = 0{,}09$

Quadratzahlen:

$1 \cdot 1 = 1$	$6 \cdot 6 = 36$	$11 \cdot 11 = 121$	$16 \cdot 16 = 256$
$2 \cdot 2 = 4$	$7 \cdot 7 = 49$	$12 \cdot 12 = 144$	$17 \cdot 17 = 289$
$3 \cdot 3 = 9$	$8 \cdot 8 = 64$	$13 \cdot 13 = 169$	$18 \cdot 18 = 324$
$4 \cdot 4 = 16$	$9 \cdot 9 = 81$	$14 \cdot 14 = 196$	$19 \cdot 19 = 361$
$5 \cdot 5 = 25$	$10 \cdot 10 = 100$	$15 \cdot 15 = 225$	$20 \cdot 20 = 400$

1 Bestimme die folgenden Quadratwurzeln. Begründe wie im Beispiel: $\sqrt{100} = 10$, denn $10 \cdot 10 = 100$.

a) $\sqrt{144}$ b) $\sqrt{256}$ c) $\sqrt{361}$ d) $\sqrt{49}$
e) $\sqrt{1{,}69}$ f) $\sqrt{0{,}64}$ g) $\sqrt{0{,}0289}$ h) $\sqrt{0{,}0009}$

2 Ergänze die Zahl unter dem Wurzelzeichen. Berechne im Kopf.

a) $\sqrt{\_\_\_} = 6$ b) $\sqrt{\_\_\_} = 16$ c) $\sqrt{\_\_\_} = 19$ d) $\sqrt{\_\_\_} = 7$
e) $\sqrt{\_\_\_} = 1{,}3$ f) $\sqrt{\_\_\_} = 0{,}8$ g) $\sqrt{\_\_\_} = 0{,}18$ h) $\sqrt{\_\_\_} = 0{,}011$

3 Bestimme, zwischen welchen natürlichen Zahlen die Wurzel liegt. Grenze die Wurzel anschließend auf eine Stelle nach dem Komma genau ein.

a) $\sqrt{10}$

___ $< \sqrt{10} <$ ___,

denn $3^2 = 9 < 10 < 4^2 = 16$.

___ $< \sqrt{10} <$ ___,

denn $3{,}1^2 =$ ___ < 10 und

$10 <$ ___ $=$ ___.

Daher gilt: ___ $< \sqrt{10} <$ ___

b) $\sqrt{42}$

___ $< \sqrt{42} <$ ___,

denn ___ $< \sqrt{42} <$ ___.

___ $< \sqrt{42} <$ ___,

denn ___ $=$ ___ < 42 und

$42 <$ ___ $=$ ___.

Daher gilt: ___ $< \sqrt{42} <$ ___

c) $\sqrt{107}$

___

___

___

___

___

Daher gilt: ___ $< \sqrt{107} <$ ___

4 Die Seitenfläche eines Würfels hat den Flächeninhalt $A = 3{,}61\ m^2$.

a) Fertige eine Skizze des Würfels an und zeichne das Würfelnetz.
b) Berechne den Umfang u einer Seitenfläche.
c) Berechne die Oberfläche und den Umfang des gesamten Würfelnetzes.

Näherungswerte von Wurzeln

Heronverfahren

Mit dem Heronverfahren werden Näherungswerte für Quadratwurzeln durch die Berechnung der Mittelwerte von Rechtecksseiten bestimmt.

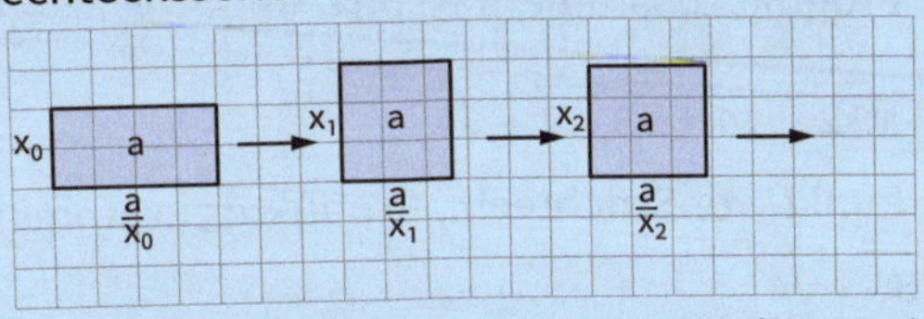

Der erste Näherungswert x_0 ist die Seitenlänge eines Rechtecks mit dem Flächeninhalt a.
Zur besseren Annäherung an das Quadrat mit dem Flächeninhalt a und den Seitenlängen $\sqrt{a}$ wird der genauere Näherungswert x_1 berechnet.
Man bestimmt den Mittelwert der beiden Rechteckseiten: $x_1 = \frac{1}{2} \cdot \left(x_0 + \frac{a}{x_0}\right)$

WEBCODE WES-121591-009

Anwendung des Heronverfahrens

Berechne mit drei Schritten des Heronverfahrens den Näherungswert für $\sqrt{8}$. Starte mit $x_0 = 2$.

① $x_0 = 2$; $a = 8$ $\quad \frac{a}{x_0} = \frac{8}{2} = 4$

$x_1 = \frac{1}{2} \cdot (2 + 4) = \frac{6}{2} = 3$

② $x_1 = 3$; $\quad \frac{a}{x_1} = \frac{8}{3}$

$x_2 = \frac{1}{2} \cdot \left(3 + \frac{8}{3}\right) = \frac{1}{2} \cdot \frac{17}{3} = \frac{17}{6} = 2{,}8\overline{3}$

③ $x_2 = \frac{17}{6} = 2{,}83$ $\quad \frac{a}{x_2} = \frac{8}{1} \cdot \frac{6}{17} = \frac{48}{17} \approx 2{,}824$

$x_3 = \frac{577}{204} \approx 2{,}828$

$\sqrt{8} \approx 2{,}828$

1 Bestimme mit zwei Schritten des Heronverfahrens jeweils den Näherungswert für $\sqrt{a}$.
Starte mit dem gegebenen Wert für x_0.

a) $a = 6$; $x_0 = 2$

b) $a = 10$; $x_0 = 3$

2 Bestimme mit dem Heronverfahren den Näherungswert für $\sqrt{15}$ auf drei Stellen nach dem Komma genau.
Starte mit einem geeigneten Wert für x_0.

3 Jasmine und Nina wollen einen Näherungswert für $\sqrt{19}$ mit dem Heronverfahren bestimmen.
Nina meint: „Der beste Startwert lässt sich leicht finden. Man rechnet einfach 19 + 1 und teilt die Summe durch 2."
Jasmine entgegnet: „Lass uns doch lieber die Wurzel der nächsten Quadratzahl $\sqrt{25} = 5$ als Startwert nehmen. Ich glaube, dass wir damit schneller zum Ziel kommen."

a) Untersuche, welcher der beiden Vorschläge geschickter ist. Vergleiche durch eine Rechnung.

b) Bestimme den Näherungswert für 19 auf zwei Stellen nach dem Komma genau.

c) Beschreibe, wie man erkennt, wann man das Verfahren beenden kann.

4 Alex hat mit dem Startwert $x_0 = 4$ Näherungswerte für 13 mit dem Heronverfahren bestimmt.
Kreuze an, welche Aussagen richtig (r) und welche falsch (f) sind.

a) Der erste Näherungswert x_1 ist 3,6. ☐ w ☐ f

b) Der erste Näherungswert x_1 ist $\frac{29}{8}$. ☐ w ☐ f

c) Der zweite Näherungswert x_2 ist 3,615. ☐ w ☐ f

d) Nach dem zweiten Schritt des Heronverfahrens wird der Näherungswert bereits auf zwei Stellen nach dem Komma genau angegeben. ☐ w ☐ f

Rechnen mit Wurzeln

Regeln für das Rechnen mit Wurzeln

Hinter Wurzelausdrücken verbergen sich oftmals Zahlen, deren Kommaschreibweisen nur schwer darstellbar sind. Beispielsweise gilt für $\sqrt{2}$:
$\sqrt{2} = 1{,}4142135623730950488016887242096 98\ldots$
Man bezeichnet $\sqrt{2}$ als irrationale Zahl. Sie kann nicht als Quotient zweier anderer Zahlen geschrieben werden. Beim Rechnen belässt man solche Zahlen daher in der Wurzelschreibweise und beachtet die folgenden Regeln:

(I) $\sqrt{a} \cdot \sqrt{b} = \sqrt{a \cdot b}$ (II) $\frac{\sqrt{a}}{\sqrt{b}} = \sqrt{\frac{a}{b}}$

Achtung: $\sqrt{a} \pm \sqrt{b} \neq \sqrt{a \pm b}$

WEBCODE WES-121591-010

Rechnen mit Wurzeln

Vereinfache die Rechenterme.

a) $\sqrt{2} \cdot \sqrt{4{,}5} = \sqrt{2 \cdot 4{,}5}$
(I) Produkt zusammenfassen $= \sqrt{9} = 3$

b) $\sqrt{3} \cdot \sqrt{12} + \sqrt{4} = \sqrt{3 \cdot 12} + \sqrt{4}$
(I) Punkt- vor Strichrech., Produkte zusammenf.
$= \sqrt{36} + \sqrt{4}$
$= 6 + 2 = 8$

c) $\frac{\sqrt{48}}{\sqrt{3}} + \frac{\sqrt{27}}{\sqrt{3}} = \sqrt{\frac{48}{3}} + \sqrt{\frac{27}{3}}$
(II) Quotienten zusammenf. $= \sqrt{16} + \sqrt{9} = 4 + 3 = 7$

1 Vereinfache die Rechenterme.

a) $\sqrt{32} \cdot \sqrt{2}$ = ________ (I) = ________ = ________
b) $\sqrt{2} \cdot \sqrt{6} \cdot \sqrt{12}$ = ________ (I) = ________ = ________
c) $5 \cdot \sqrt{3} - \sqrt{12}$ = ________ = ________ = ________
d) $\frac{\sqrt{32}}{\sqrt{2}} + \sqrt{4} - \frac{18}{6} \cdot \sqrt{3}$ = ________ = ________ = ________

2 Ergänze die fehlenden Wurzelausdrücke in den Rechentermen und berechne oder vereinfache.

a) $\sqrt{4} \cdot \sqrt{} = \sqrt{144}$ = ________
b) $\sqrt{45} \cdot \sqrt{} = \sqrt{225}$ = ________
c) $\frac{\sqrt{}}{\sqrt{3}} = \sqrt{256}$ = ________
d) $\frac{\sqrt{567}}{\sqrt{7}} = \sqrt{}$ = ________
e) $\sqrt{245} = \sqrt{5} \cdot \sqrt{}$ = ________
f) $3 \cdot 6 \cdot \sqrt{} = \sqrt{36}$ = ________
g) $\frac{\sqrt{225}}{\sqrt{9}} = \sqrt{}$ = ________
h) $\sqrt{252} = \sqrt{7} \cdot \sqrt{}$ = ________

3 Bei der Berechnung der Wurzelterme haben sich Fehler eingeschlichen. Korrigiere.

a) $\sqrt{4} + \sqrt{4} + \sqrt{1} = \sqrt{4 + 4 + 1} = \sqrt{9} = 3$
b) $\sqrt{\frac{225}{25}} = \frac{15}{25} = \frac{3}{5}$
c) $\sqrt{\frac{25}{4}} - \frac{\sqrt{9}}{4} = \sqrt{\frac{16}{4}} = 2$

4 Kreuze an, welche Aussage wahr (w) oder falsch (f) ist.

a) Es gibt eine Zahl a, deren Quadratwurzel genau doppelt so groß ist wie die Zahl selbst. ☐ w ☐ f
b) Die Summe der Quadratwurzeln zweier Zahlen a und b ist stets genauso groß wie die Quadratwurzel der Summe von a und b. ☐ w ☐ f
c) Es gibt zwei unterschiedliche Zahlen a und b, für die gilt: Die Summe der Quadratwurzeln von a und b ist genauso groß wie die Quadratwurzel der Summe von a und b. ☐ w ☐ f
d) Ist die Quadratwurzel der Differenz zweier Zahlen a und b eine natürliche Zahl, dann sind a und b Quadratzahlen. ☐ w ☐ f

Kubikwurzeln ziehen

Die Kubikwurzel (oder 3. Wurzel) einer positiven Zahl a ist genau die positive Zahl, die dreimal mit sich selbst multipliziert a ergibt.

Potenzieren mit 3

$\sqrt[3]{8} = \sqrt[3]{2 \cdot 2 \cdot 2} = 2$ denn $2^3 = 2 \cdot 2 \cdot 2 = 8$

Kubikwurzel ziehen

Kubikzahlen:

$1 \cdot 1 \cdot 1 = 1$
$2 \cdot 2 \cdot 2 = 8$
$3 \cdot 3 \cdot 3 = 27$
$4 \cdot 4 \cdot 4 = 64$
$5 \cdot 5 \cdot 5 = 125$
$6 \cdot 6 \cdot 6 = 216$
$7 \cdot 7 \cdot 7 = 343$
$8 \cdot 8 \cdot 8 = 512$
$9 \cdot 9 \cdot 9 = 729$
$10 \cdot 10 \cdot 10 = 1\,000$

WEBCODE WES-121591-011

Kantenlänge eines Würfels bestimmen

Bestimme die Kantenlänge a eines Würfels mit dem Volumen $V = 274{,}625\ cm^3$.

Das Volumen V eines Würfels mit der Kantenlänge a wird mit $V = a^3$ berechnet. Anhand des gegebenen Volumens V lässt sich die Kantenlänge a wie folgt bestimmen:

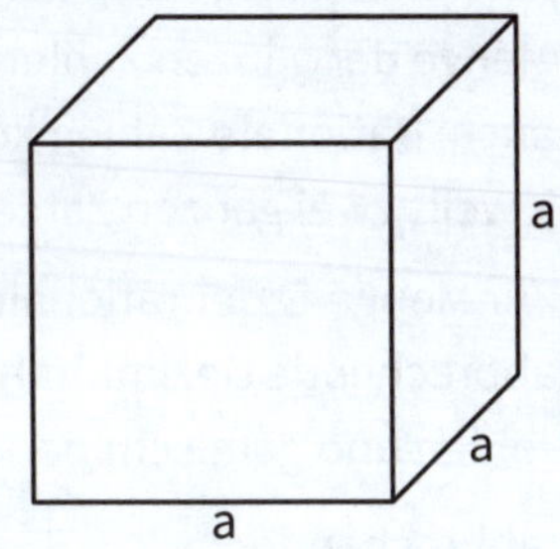

(I) Ansatz: $a = \sqrt[3]{V}$

(II) Einsetzen: $a = \sqrt[3]{274{,}625\ cm^3}$

(III) Ergebnis mit TR: $a = 6{,}5\ cm$

1 Bestimme die folgenden Kubikwurzeln. Begründe wie im Beispiel.
$\sqrt[3]{1\,000} = 10$, denn $10 \cdot 10 \cdot 10 = 1\,000$.

a) $\sqrt[3]{8} =$ ____, denn ________
b) $\sqrt[3]{125} =$ ____, denn ________
c) $\sqrt[3]{512} =$ ____, denn ________
d) $\sqrt[3]{0{,}001} =$ ________
e) $\sqrt[3]{1{,}331} =$ ________
f) $\sqrt[3]{8\,000} =$ ________

2 Berechne die dritten Wurzeln mithilfe deines Taschenrechners. Runde auf zwei Stellen nach dem Komma.

a) $\sqrt[3]{15} \approx$ ________
b) $\sqrt[3]{40} \approx$ ________
c) $\sqrt[3]{442{,}45} \approx$ ________
d) $\sqrt[3]{4096} \approx$ ________
e) $\sqrt[3]{2\,311} \approx$ ________
f) $\sqrt[3]{9261} \approx$ ________
g) $\sqrt[3]{12{,}82} \approx$ ________
h) $\sqrt[3]{88{,}216} \approx$ ________

3 Berechne anhand des gegebenen Volumens V die Kantenlänge a und Oberfläche O des Würfels.

a) $V = 5\,832\ cm^3$
b) $V = 2\,300\ m^3$
c) $V = 614{,}125\ \ell$

a)
(I) $a = \sqrt[3]{V}$
(II) $a = \sqrt[3]{5\,832\ cm^3}$
(III) a =
(IV) O =

4 Ein Eisenwürfel hat ein Gewicht von etwa 13 600 g.

a) Berechne die Kantenlänge a des Eisenwürfels auf zwei Stellen nach dem Komma genau $\left(\varrho_{Eisen} = 7{,}87\ \frac{g}{cm^3}\right)$.

b) Bestimme, wie viele Dosen eines Rostschutzmittels verwendet werden müssen, wenn der Würfel komplett bestrichen werden soll und eine Dose für eine Fläche von $400\ cm^2$ reicht.

Rationale Zahlen

Verhältnisse ganzer Zahlen

Rationale Zahlen sind Zahlen, die man als Bruch der Form $\frac{a}{b}$ schreiben kann, mit a und b aus der Menge der ganzen Zahlen $\mathbb{Z}$ und $b \neq 0$. Man sagt auch: Rationale Zahlen können als Verhältnisse von jeweils zwei ganzen Zahlen dargestellt werden.

Zur Menge $\mathbb{Q}$ der rationalen Zahlen gehören abbrechende Dezimalzahlen, periodische Dezimalzahlen und gemischt periodische Dezimalzahlen.

abbrechende Dezimalzahlen	0,4	$0{,}4 = \frac{4}{10} = \frac{2}{5}$
periodische Dezimalzahlen	$0{,}\overline{5}$	$0{,}\overline{5} = 0{,}5555\ldots = \frac{5}{9}$
gemischt periodische Dezimalzahlen	$0{,}4\overline{25}$	$0{,}4\overline{25} = 0{,}4252525\ldots = \frac{421}{990}$

WEBCODE WES-121591-012

Dezimalzahlen als Bruch schreiben

Schreibe die folgenden Dezimalzahlen als Brüche $\frac{a}{b}$ mit den ganzen Zahlen a und b.

a) 0,37 b) $0{,}\overline{7}$ c) $0{,}3\overline{21}$

Bei abbrechenden Dezimalzahlen geht man stellenweise vor:

$0{,}37 = \frac{3}{10} + \frac{7}{100} = \frac{37}{100}$

Bei periodischen und gemischt periodischen Dezimalzahlen wird die Zahl so mit einer Zehnerpotenz multipliziert, dass eine komplette Ziffernfolge der Periode mit der ***Periodenlänge l*** *vor dem Komma steht:*

(I) l = 1 beachten:
Die Dezimalzahl wird mit $10^l = 10^1 = 10$ multipliziert.
$10 \cdot 0{,}\overline{7} = 7{,}\overline{7}$

(II) Periode abtrennen:
$10 \cdot 0{,}\overline{7} - 0{,}\overline{7} = 7$
$(10 - 1) \cdot 0{,}\overline{7} = 7$
$9 \cdot 0{,}\overline{7} = 7 \quad | : 9$
$0{,}\overline{7} = \frac{7}{9}$

(I) l = 2 und Stellen vor der Periode beachten:
$10^{l+1} = 10^3 = 1\,000$
$1\,000 \cdot 0{,}3\overline{21} = 321{,}\overline{21}$

(II) Periode abtrennen:
$1\,000 \cdot 0{,}3\overline{21} - 10 \cdot 0{,}3\overline{21} = 318$
$(1000 - 10) \cdot 0{,}3\overline{21} = 318$
$990 \cdot 0{,}3\overline{21} = 318$
$0{,}3\overline{21} = \frac{318}{990} = \frac{53}{165}$

1 Finde Paare zueinander passender Zahlen und schreibe diese als Gleichungen.

$\frac{1}{4}$	0,332	0,6875	$\frac{2\,697}{999}$	$\frac{29}{11}$	0,375
$1{,}\overline{37}$	$1{,}\overline{27}$	$\frac{3}{8}$	0,25	$1\frac{3}{11}$	$0{,}\overline{428571}$
$\frac{11}{16}$	$2{,}\overline{63}$	$\frac{83}{250}$	$\frac{136}{99}$	$2{,}\overline{699}$	$\frac{3}{7}$

2 Schreibe die folgenden Dezimalzahlen als Brüche.

a) 0,6705 b) $1{,}\overline{6}$ c) $0{,}20\overline{7}$
d) $7{,}31\overline{85}$ e) $0{,}4\overline{2857}$ f) $0{,}10\overline{1101}$

3 Bestimme die Dezimalzahlen, die für die folgenden Brüche geschrieben werden können.

a) $\frac{9}{16}$ b) $\frac{8}{3}$ c) $\frac{111}{201}$ d) $\frac{6}{13}$

4 Kreuze an, welche Aussage wahr (w) oder falsch (f) ist.

a) Es gibt gemischt periodische Dezimalzahlen, deren Summe eine natürliche Zahl ist. ☐ w ☐ f

b) Das Produkt zweier periodischer Dezimalzahlen ist stets wieder eine periodische Dezimalzahl. ☐ w ☐ f

c) Die Summe zweier periodischer Dezimalzahlen ist stets wieder eine periodische Dezimalzahl. ☐ w ☐ f

Rationale und irrationale Zahlen

Erweiterung der Zahlbereiche

Die Zahlen, die uns bisher begegnet sind, bilden folgende aufeinander aufbauende Zahlbereiche.

Zahlbereich	Symbol	Mengenschreibweise, Beispiele
Natürliche Zahlen	$\mathbb{N}$	$\mathbb{N} = \{1; 2; 3; \dots\}$
Ganze Zahlen	$\mathbb{Z}$	$\mathbb{Z} = \{\dots; -2; -1; 0; 1; 2; \dots\}$
Rationale Zahlen	$\mathbb{Q}$	$\mathbb{Q} = \{\dots; -\frac{1}{2}; -\frac{2}{2}; 0; \frac{1}{2}; \frac{2}{2}; \frac{3}{2}; \frac{4}{2}; \dots\}$ (Zahlen, die man als Bruch $\frac{a}{b}$ mit $a, b \in \mathbb{Z}$; $b \neq 0$ schreiben kann.)
Irrationale Zahlen	$\mathbb{I}$	$\mathbb{I} = \{\dots; \sqrt{2}; \sqrt{3}, \sqrt[3]{3}; \pi; e; \dots\}$ (Zahlen, die nicht als Bruch $\frac{a}{b}$ mit $a, b \in \mathbb{Z}$; $b \neq 0$ dargestellt werden können.)
Reelle Zahlen	$\mathbb{R}$	Rationale und irrationale Zahlen bilden Zusammen die Menge der reellen Zahlen.

WEBCODE WES-121591-013

Zahlen verschiedenen Zahlbereichen zuordnen

Ordne zu, in welchem Zahlbereich die aufgelistete Zahl zu finden ist. Kreuze an.

	$\mathbb{N}$	$\mathbb{Z}$	$\mathbb{Q}$	$\mathbb{I}$	$\mathbb{R}$
$-\frac{4}{5}$	–	–	X	–	X
$0,\overline{3}$	–	–	X	–	X
$\sqrt[3]{3}$	–	–	–	X	X
16	X	X	X	–	X

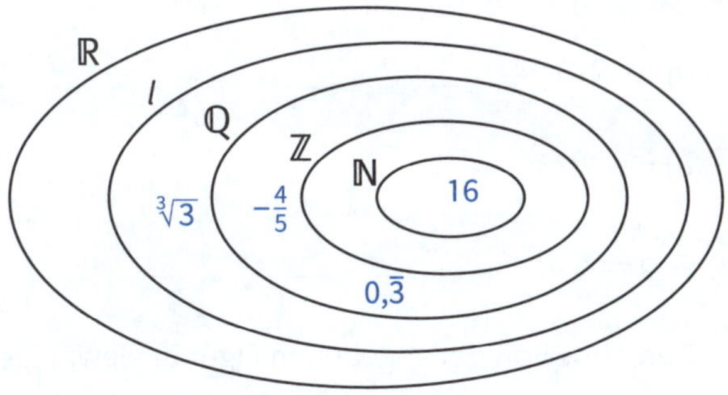

1 Ordne zu, in welchem Zahlbereich die aufgeführte Zahl zu finden ist. Kreuze an.

	$\mathbb{N}$	$\mathbb{Z}$	$\mathbb{Q}$	$\mathbb{I}$	$\mathbb{R}$
-8					
$\sqrt[3]{8}$					
$\sqrt{5}$					
$2,1\overline{37}$					
π					

2 Stelle die Zahlen in der Dezimal- bzw. der Bruchschreibweise dar.

a) $3,2\overline{74}$ b) $0,375$ c) $\frac{2}{7}$ d) $\frac{11}{16}$

3 Einige Zahlen gehören nicht dazu. Streiche die Zahlen, die nicht zur dargestellten Menge gehören.

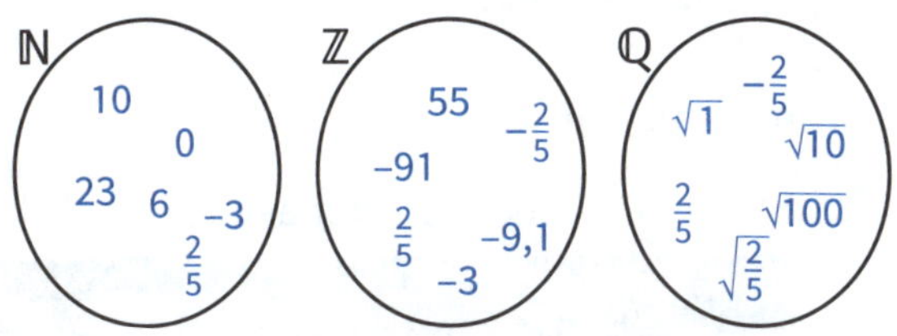

4 Kreuze an, welche Aussage wahr (w) oder falsch (f) ist.

a) Jede natürliche Zahl gehört auch zu den ganzen, rationalen und reellen Zahlen. ☐ w ☐ f

b) $\mathbb{Z}$ besteht aus den natürlichen Zahlen, der Null und den negativen natürlichen Zahlen. ☐ w ☐ f

c) Die natürlichen, ganzen und rationalen Zahlen gehören zu den reellen Zahlen. ☐ w ☐ f

d) $\mathbb{R}$ umfasst $\mathbb{Q}$, $\mathbb{Q}$ umfasst $\mathbb{Z}$ und $\mathbb{Z}$ umfasst $\mathbb{N}$. ☐ w ☐ f

e) Jede ganze Zahl gehört auch zu den irrationalen und reellen Zahlen. ☐ w ☐ f

Welches Level erreichst du?

Starte bei Level 1 und löse mindestens 2 Aufgaben des Levels. Gehe anschließend zum nächsten Level weiter und fahre so fort.

Level 1

1 Ergänze die korrekte Zehnerpotenz.

a) $10\,000 = 10^{\_\_}$ b) $0{,}01 = 10^{\_\_}$

c) $\frac{1}{10^3} = 10^{\_\_}$ d) $-0{,}0001 = -10^{\_\_}$

2 Berechne mithilfe der Klapps-Merkregel.

a) $5 - 2 \cdot 3^2 =$ ________

b) $(5 - 2) \cdot 3^2 =$ ________

c) $5 - (2 \cdot 3)^2 =$ ________

3 Berechne von der gegebenen Figur die jeweilige Seitenlänge a.

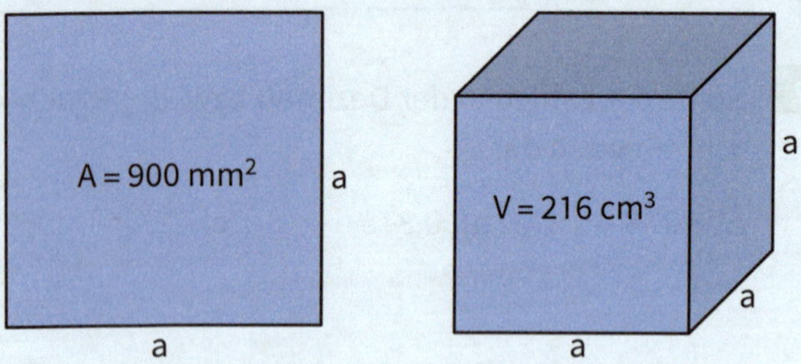

4 Wandele die Zahl in die Standardschreibweise um.

a) Umfang der Erde:

$u \approx 40\,000$ km = ________ km

b) Durchmesser des Coronavirus.

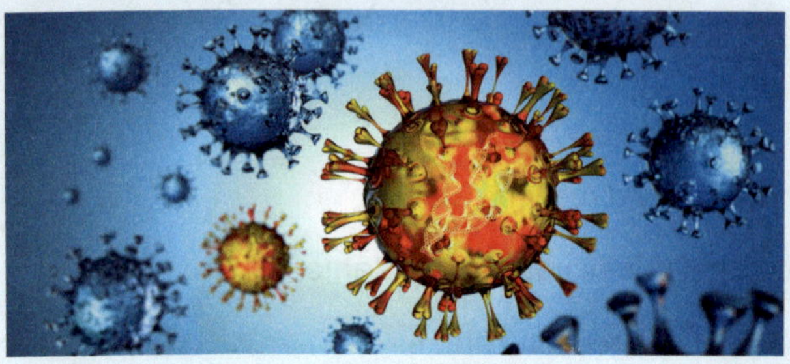

$d \approx 0{,}00000008$ m = ________ m

Level 2

5 Kreuze an, ob die Aussage wahr (w) oder falsch (f) ist.

a) $25 = 5^2$ ☐ w ☐ f

b) $-2^3 = -8$ ☐ w ☐ f

c) $\left(\frac{2}{3}\right)^2 = \frac{4}{6}$ ☐ w ☐ f

d) $\frac{2^2}{3} = \frac{4}{3}$ ☐ w ☐ f

6 Der Name der Suchmaschine *Google* leitet sich von der Zahl *Gogol* her: Ein Gogol ist eine 1 mit 100 Nullen. Schreibe 1 Gogol als Zehnerpotenz.

1 Gogol = ________

7 Kreuze an, ob die dritte Wurzel richtig (r) oder falsch (f) berechnet wurde.

a) $\sqrt[3]{60} = 20$, weil $20 \cdot 3 = 60$ ☐ w ☐ f

b) $\sqrt[3]{343} = 7$, weil $7 \cdot 7 \cdot 7 = 343$ ☐ w ☐ f

c) $\sqrt[3]{3^4} = 3^2$, weil $3^2 \cdot 3 \cdot 3 = 81$ ☐ w ☐ f

8 Bezeichne die Mengen mit den korrekten Symbolen.

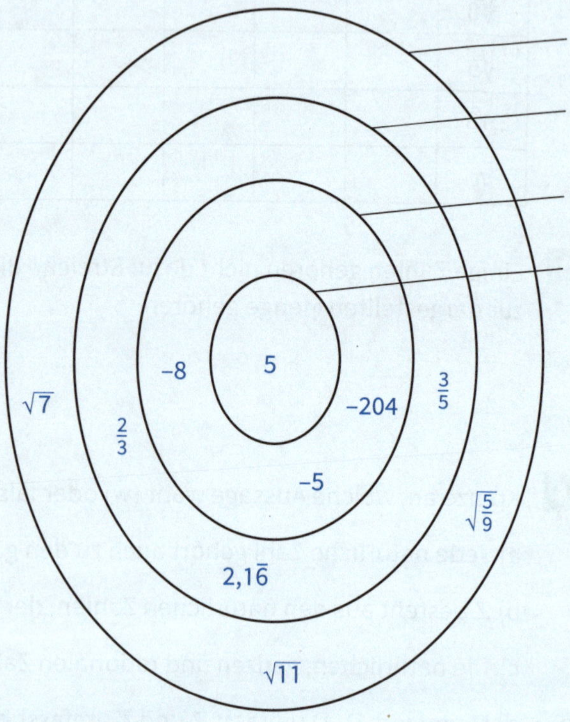

Level 3

9 Erstelle ein Schema für das Berechnen der dritten Wurzel von a und dessen Umkehrung.

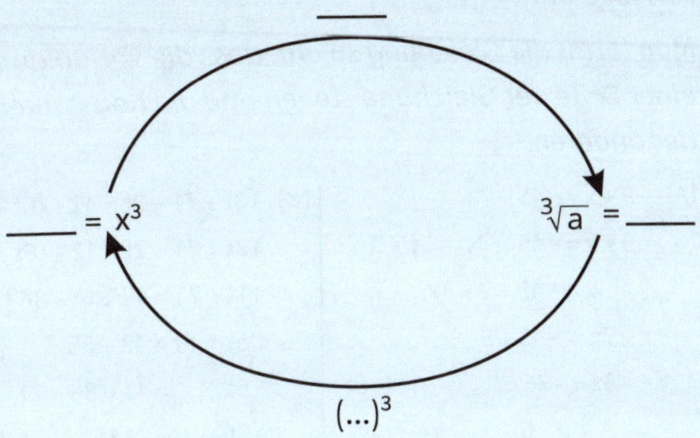

10 Den Durchmesser von Atomen gibt man zu Ehren des schwedischen Physikers *Anders Johan Ångström* mit der Einheit Ångström (Å) an. 1 Å ist der zehnmilliardste Teil eines Meters (m). Stelle 1 Å …

a) … als Dezimalzahl dar. 1 Å = 0,________ m

b) … mit der Standardschreibweise dar. 1 Å = $10^{\square}$ m

11 Kreuze an, welche Aussage wahr (w) und welche falsch (f) ist. Nutze deinen Taschenrechner.

(1) $1{,}414213562^2 = 2$	☐ w	☐ f
(2) $\sqrt{2} = 1{,}414213562$	☐ w	☐ f
(3) $1{,}414213563^2 > 2$	☐ w	☐ f
(4) $1{,}41421356237^2 = 2$	☐ w	☐ f

12 Neo behauptet: „Die Wurzel aus einer positiven Zahl a ist immer eine irrationale Zahl.“ Begründe oder widerlege Neos Aussage.

13 Bei der Berechnung des Wurzelterms hat sich ein Fehler eingeschlichen. Korrigiere.

$\sqrt{15} \cdot \sqrt{4} + \sqrt{1} \cdot \sqrt{4} = (\sqrt{15} + \sqrt{1}) \cdot \sqrt{4} = \sqrt{16} \cdot \sqrt{4} = 8$

Level 4

14 Thea erhält bei der Berechnung von $\sqrt{-64}$ mit ihrem Taschenrechner das Ergebnis: *Ma ERROR*.

a) Erläutere, weshalb Thea dieses Ergebnis erhält.

b) Welche Aussage kannst du über die Quadratwurzel einer negativen Zahl treffen?

15 ✪ Die Formel $h = \frac{1}{2} g t^2$ mit der Erdbeschleunigung $g = 9{,}81\ \frac{m}{s^2}$ beschreibt den Zusammenhang zwischen Fallhöhe h und Falldauer t.

a) Stelle die Formel nach t um.

b) Wie lange ist ein Turmspringer in der Luft, wenn er von einer 10 m-Plattform ins Wasser springt? Runde auf 2 Stellen nach dem Komma.

16 Es gibt Zahlen a, die sowohl eine Quadratzahl $a = x^2$ als auch eine Kubikzahl $a = y^3$ sind.

a) Zeige, dass a = 64 sowohl eine Quadrat- als auch eine Kubikzahl ist.

b) Zeige, dass sich aus der Zahl b = 729 die Quadratwurzel und die dritte Wurzel ziehen lassen.

17 ✪ Die periodische Dezimalzahl $0,\overline{1}$ lässt sich als Bruch darstellen $0,\overline{1} = \frac{1}{9}$. Gib folgende Zahlen als Bruch an.

a) $0,\overline{5}$ = ________
b) $0,0\overline{1}$ = ________
c) $0,0\overline{5}$ = ________
d) $0,\overline{45}$ = ________

Lineare Gleichungen

Bestimmungsgleichung

Eine lineare Gleichung besteht ausschließlich aus Summen und Differenzen von Konstanten und Vielfachen von Variablen in der ersten Potenz (*math. Fachbegriff: Linearkombination*).

(A) $-9 + x = -45 + 7x$

(B) $13t + 71 - 2t = 42 + (6t - 86)$

Man spricht von einer Bestimmungsgleichung, wie beispielsweise bei Gleichung (A) und (B), wenn die enthaltenen Variablen so zu bestimmen sind, dass die Gleichung zu einer wahren Aussage führt.

▶ WEBCODE WES-121591-016

Gleichung lösen

Bestimme den Wert der Variablen für die nebenstehenden Gleichungen (A) und (B), sodass eine wahre Aussage entsteht.

Man formt die Gleichung so um, dass die Variablen auf einer Seite der Gleichung stehen und die Konstanten auf der anderen.

(A)
$$\begin{aligned} -9 + x &= -45 + 7x \\ -9 + x &= -45 + 7x \quad | +9 \\ x &= -45 + 9 + 7x \quad | -7x \\ x - 7x &= -45 + 9 \\ -6x &= -36 \quad | :(-6) \\ x &= 6 \end{aligned}$$

(B)
$$\begin{aligned} 13t + 71 - 2t &= 42 + (6t - 86) \\ 13t + 71 - 2t &= 42 + (6t - 86) \\ 11t + 71 &= 42 + 6t - 86 \quad | -6t \\ 5t + 71 &= 42 - 86 \quad | -71 \\ 5t &= 42 - 86 - 71 \\ 5t &= -115 \quad | :5 \\ t &= -23 \end{aligned}$$

1 Bestimme den Wert der Variablen, sodass eine wahre Aussage entsteht.

a) $8x - 13 = 55 + 4x$ b) $3k - (1{,}2k + 17{,}8) = -(3 + 0{,}7k - 5{,}2)$ c) $\frac{1}{4}t - \frac{5}{7} = \frac{1}{2} - \frac{1}{7} - \frac{3}{28}t$

8x	−	13	=	55	+	4x	|+	13
8x			=	68	+		|	
			=					
			=					

2 Löse die Gleichung und fertige eine Probe an.

a) $3a + 5 = -11{,}5a + 34$ b) $3{,}5\,(2k + 2{,}1) = 5\,(6 + 1{,}2k - 3{,}1)$ c) $\frac{1}{3}b - 1{,}5\,b - \frac{7}{4} = \frac{1}{2}\left(-\frac{19}{3}b + \frac{5}{2}\right)$

3 Kreuze an, welche Gleichung zum Zahlenrätsel passt.

Subtrahiert man vom Fünffachen einer gedachten Zahl 22 und addiert das Doppelte der Zahl hinzu, erhält man die Differenz aus 66 und der ursprünglich gedachten Zahl.

(1) $2a - 5a + 22 = a - 66$ ☐ (2) $5a - 22 + 2a = 66 - a$ ☐ (3) $5a - 2a - 22 = a - 66$ ☐ (4) $2a - 22 + 5a = -a + 66$ ☐

4 Löse die Gleichungen (1) bis (4) aus Aufgabe 3 und fertige eine Probe an.

Lineare Gleichungen mit zwei Variablen

Gleichung mit zwei Variablen

Die Lösungen einer Gleichung, die eine lineare Kombination von Konstanten und zwei voneinander verschiedenen Variablen ist, sind Wertepaare. Durch Einsetzen von Zahlen für eine der Variablen in die Gleichung können einzelne dieser Wertepaare ermittelt werden.

Möchte man alle Lösungen der Gleichung darstellen, wird die Gleichung so umgestellt, dass sie der folgenden Form entspricht:

$y = m \cdot x + b$.

Die grafische Darstellung der Lösungen ist eine Gerade g mit der Steigung m und dem y-Achsenabschnitt b.

WEBCODE WES-121591-017

Wertepaare für lineare Gleichungen ermitteln

Berechne Wertepaare, die die Gleichung $x + 2y = 2$ erfüllen.

(I) Gleichung umformen:

$x + 2y = 2 \quad | -x$

$2y = -x + 2 \quad | :2$

$y = -\frac{x}{2} + 1$

(II) Wertepaare ermitteln:

(A) $x = 0: y = -\frac{0}{2} + 1 = 1$; $(0|1)$

(B) $x = 1: y = -\frac{1}{2} + 1 = \frac{1}{2}$; $(1|\frac{1}{2})$

(C) $x = 2: y = -\frac{2}{2} + 1 = 0$; $(2|0)$

(III) Grafische Darstellung:

Die Lösungen (A) und (C) führen zu den Punkten A (0|1) und C (2|0), durch die die Gerade g verläuft.

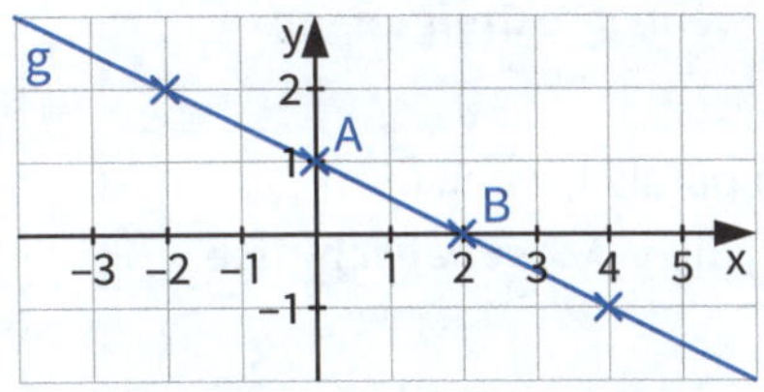

(IV) Weitere Wertepaare:

$(-2|2)$ oder $(4|-1)$ lösen auch die Gleichung.

(V) Probe: $-2 + 2 \cdot 2 = 2$ ✓

$4 + 2 \cdot (-1) = 2$ ✓

1 Vervollständige die Berechnung der Wertepaare für $x + 2y = 3$.

(I) $x + 2y = 3 \quad | -x$

$2y =$ ______ | ___

$y =$ ______

(II) $x = 0$: $y = 1{,}5 - \frac{0}{2} =$ ___; (0|___)

$x = 1 : y =$ ______; (1|___)

$x = 3 : y =$ ______; (___|___)

(III) Die Wertepaare ergeben die Punkte A (___|___) und B (___|___).

(IV) (−1|___) und (___|−1) lösen auch die Gleichung.

(V) Probe:

______

______

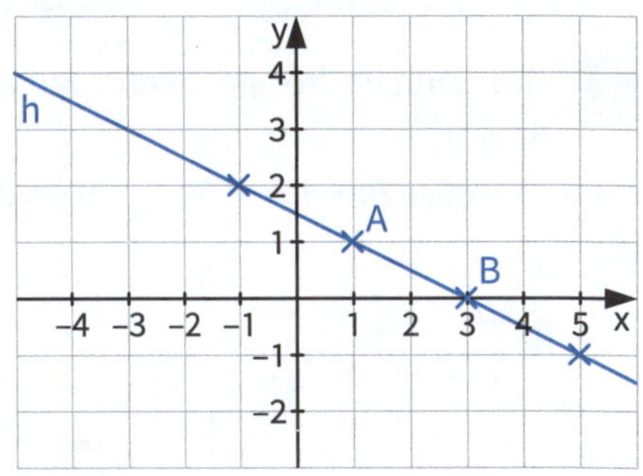

2 Gegeben ist die lineare Gleichung $x - 2y = -1$.

a) Überprüfe, ob (−1|0) und (3|2) Lösungen der linearen Gleichung sind.

______

______

b) Zeichne eine Gerade durch A (−1|0) und B (3|2).

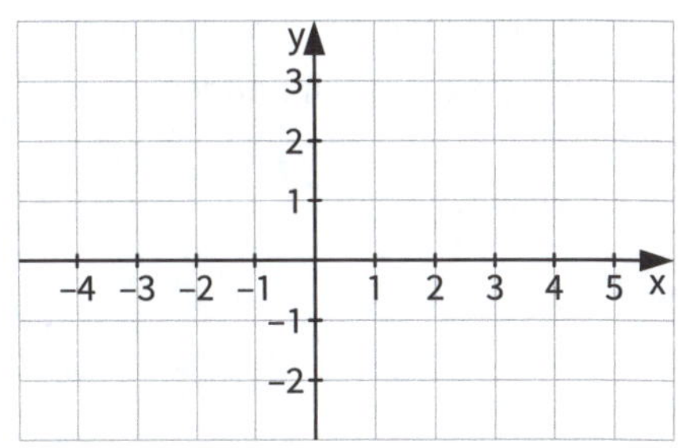

3 Kreuze an, welche Gleichung zum Zahlenrätsel passt: *Subtrahierst du vom Fünffachen der ersten Zahl das Doppelte der zweiten Zahl, erhältst du 8.*

(1) $2b - 5a = 8$ ☐ (2) $5a - 2b = 8$ ☐ (3) $-2b + 5a = 8$ ☐

4 Ein Schäfer steckt für die Nacht ein rechteckiges Stück Weide mit einem 60 m langen Zaun ab.

a) Gib drei mögliche Abmessungen der Weide an.

b) Begründe, warum (−10|40), (0|30) zwar die Gleichung $2a + 2b = 60$ aber nicht das Problem lösen.

______

Lagebeziehungen von Geraden

Lagebeziehungen von Gleichungen

Die grafische Darstellung einer linearen Gleichung ist eine Gerade g. Werden zwei Geraden g und h in ein Koordinatensystem eingezeichnet, können folgende Lagebeziehungen:

① die Geraden **schneiden sich** in einem Punkt,

② die Geraden g und h sind zueinander **parallel**,

③ die Geraden sind **identisch**.

Anhand der Steigungen und der y-Achsenabschnitte der Geradengleichungen erkennt man:

① g und h schneiden sich, wenn ihre **Steigungen verschieden** sind.

② g und h sind zueinander parallel, wenn ihre **Steigungen gleich** sind, die **y-Achsenabschnitte** aber **verschieden**.

③ g und h sind identisch, wenn ihre **Steigungen und y-Achsenabschnitte** gleich sind.

▶ WEBCODE WES-121591-018

Lagebeziehungen von Geraden untersuchen

Gib ohne vorher zu zeichnen an, wie die Graphen der folgenden Funktionen zueinander liegen.

(I) $3x + 2y = 4$ (II) $5 + 2x = 0{,}5x - (y + 3)$ (III) $y - 2x = 3$

(1) Gleichungen umformen

(I) $3x + 2y = 4 \quad | -3x$
$2y = -3x + 4 \quad | :2$
$y = -1{,}5x + 2$

(II) $5 + 2x = 0{,}5x - (y - 3)$
$5 + 2x = 0{,}5x - y + 3 \quad | -2x$
$5 = -1{,}5x - y + 3 \quad | +y$
$5 + y = -1{,}5x + 3 \quad | -5$
$y = -1{,}5x - 2$

(III) $y - 2x = 3 \quad | +2x$
$y = 2x + 3$

(2) Gleichungen der Form $y = m\,x + b$ vergleichen

Gleichung I und II haben die gleiche Steigung $m = -1{,}5$, aber unterschiedliche y-Achsenabschnitte: $2 \neq -2$. Die Graphen von I und II sind daher parallele Geraden.

Gleichung III hat nicht die gleiche Steigung wie I und II. Der Graph von III schneidet daher die beiden anderen Geraden.

1 Gib ohne vorherige Zeichnung an, wie die jeweils zu den Funktionsgleichungen gehörigen Graphen zueinander liegen.

a) I $y = -2x + 4$ II $y = 3x + 2$

b) I $y = -\frac{2}{5}x + 3$ II $2x - 5y = -15$

2 Gegeben ist eine Funktionsgleichung. Notiere jeweils eine weitere Funktionsgleichung, deren Graph die angegebene Gerade schneidet und zu dieser parallel liegt.

a) $y = \frac{1}{2}x + 32$ b) $x = -2{,}2y - 3{,}2$

3 Bestimme für die sich schneidenden Funktionsgraphen aus Aufgabe 1 die Koordinaten des Schnittpunktes S zeichnerisch.

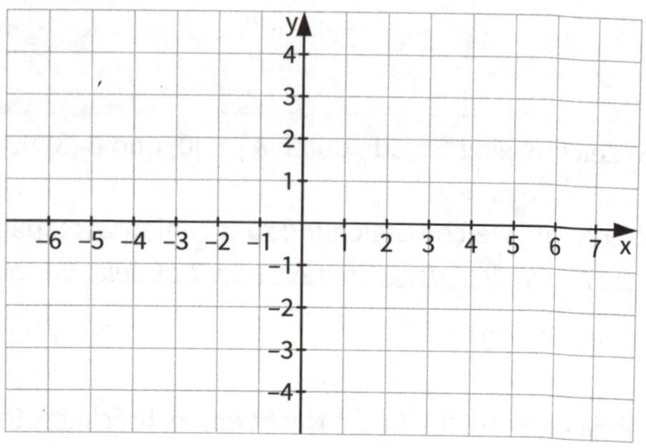

4 Gegeben sind die Funktionsgleichungen der Geraden g und h.

g: $-21x + 14y + 3 = -6x + 4y - 33$

h: $y = ax + 5$

Kreuze an, welche Aussage wahr (w) oder falsch (f) ist.

a) g und h sind parallel, wenn $a = 3$. ☐ w ☐ f

b) g und h schneiden sich, für alle $a > 0$. ☐ w ☐ f

c) Wenn $a = 2$, ist der gemeinsame Schnittpunkt S (−16|−27). ☐ w ☐ f

d) Der Punkt P (0|5) liegt für alle $a \in \mathbb{R}$ auf h. ☐ w ☐ f

Lineare Gleichungssysteme zeichnerisch lösen

Gemeinsame Lösung von zwei linearen Gleichungen

Zwei lineare Gleichungen I und II nennt man ein lineares Gleichungssystem (LGS), wenn in beiden Gleichungen identische Variablen auftreten.

I $x + y = 3$ **II** $-3x + y = -1$

Lösungen eines LGS sind alle Zahlenpaare (x|y), die gleichzeitig beide Gleichungen erfüllen.

Diese Lösungen können rechnerisch oder zeichnerisch ermittelt werden.

Beim zeichnerischen Lösen eines LGS werden die zu den Gleichungen I und II gehörenden Geraden in ein Koordinatensystem gezeichnet und dann der gemeinsame Schnittpunkt S ermittelt. Das lineare Gleichungssystem kann also eine, keine oder unendlich viele Lösungen haben.

WEBCODE WES-121591-019

Lösen eines linearen Gleichungssystems

Bestimme die Lösung des linearen Gleichungssystems.

I $x + y = 3$ **II** $-3x + y = -1$

(1) Forme um nach $\mathbf{y = m \cdot x + b}$

I $x + y = 3 \quad | -x$ **II** $-3x + y = -1 \quad | +3x$

$y = 3 - x$ $y = -1 + 3x$

$y = -x + 3$ $y = 3x - 1$

(2) Zeichne die Geraden I und II in ein Koordinatensystem ein.

(3) Notiere die Koordinaten des Schnittpunkts S der Geraden I und II.
S (1|2)

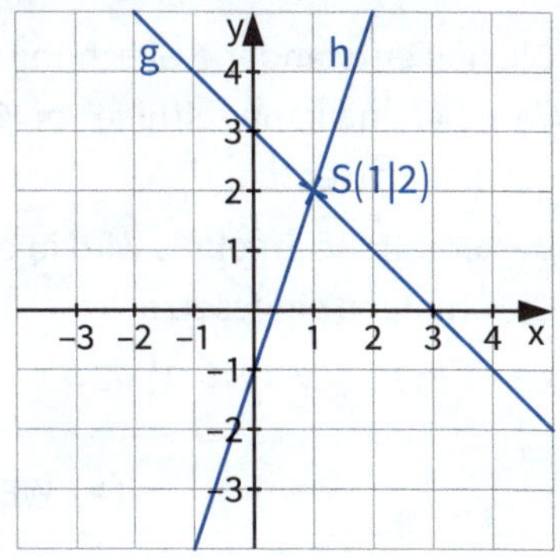

(4) Probe.
I $1 + 2 = 3$ ✓
II $-3 + 2 = -1$ ✓

1 Bestimme die Lösung des LGS mit den folgenden Gleichungen.

I $x + y = 3$ **II** $x - y = 1$

(1) Gleichungen umformen:

I ______________ **II** ______________

(2) Zeichne die Gerade in das Koordinatensystem.

(3) Notiere die Lösung des LGS: ______________.

(4) Probe: ______________

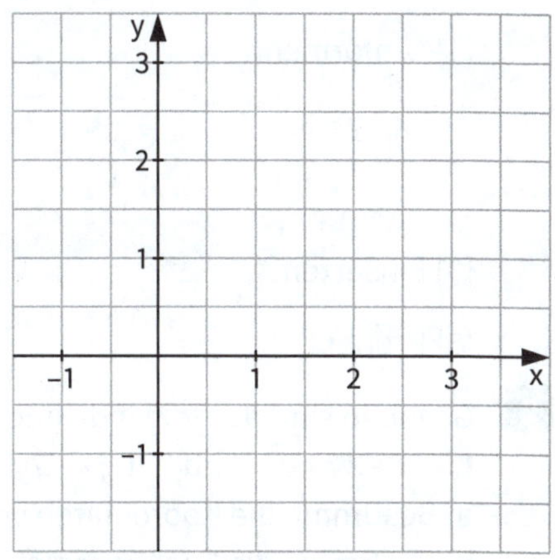

2 Gegeben ist das LGS mit den folgenden Gleichungen.

I $3x + y = 1$ **II** $x + y = 1$ Bestimme die Lösung des LGS.

(1) ______________

(2) ______________

(3) ______________

(4) ______________

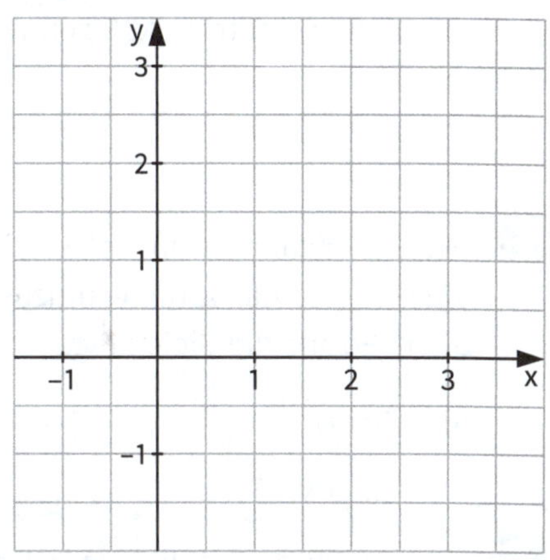

3 Faruk hat beim Lösen des linearen Gleichungssystems auf eine Zeichnung verzichtet. Überprüfe Faruks Ergebnis.

I $x + 2y = 4 \quad | -x$ **II** $2x + y = 4$

$2y = 4 - x \quad | :2$ $y = 2x - 4$

$y = 2 - x$ S (2|1)

4 Piotra fragt sich, wie man anhand der grafischen Darstellung von Geraden eigentlich erkennen kann, wie viele Lösungen ein lineares Gleichungssystem hat. Stelle dazu die folgenden Fälle durch eine Zeichnung dar.

a) Zeichne eine zweite Gerade h, sodass das zugehörige LGS keine Lösung hat.

b) Zeichne eine zweite Gerade h, sodass das zugehörige LGS mehr als eine einzige Lösung hat.

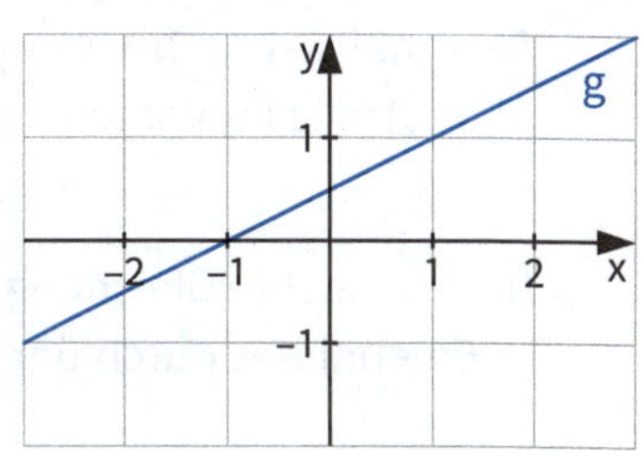

Lineare Gleichungssysteme lösen – Gleichsetzungsverfahren

Gleichsetzungsverfahren

Ein lineares Gleichungssystem mit den Variablen x und y wird nach dem Gleichsetzungsverfahren gelöst, indem beide Gleichungen jeweils nach der gleichen Variable aufgelöst und dann gleichgesetzt werden.

I $y = 2x + 3$ II $y = 4x + 5$

I = II: $\underbrace{2x + 3}_{I} = \underbrace{4x + 5}_{II}$

Die neu entstandene Gleichung enthält nur noch eine Variable und kann mithilfe von Gleichungsumformungen gelöst werden.

Das erhaltene Ergebnis wird in eine der ursprünglichen Gleichungen eingesetzt.

$x = -1$ in **I**: $y = 2\cdot(-1) + 3 = 1 \quad \rightarrow y = 1$

WEBCODE WES-121591-020

Gleichsetzungsverfahren anwenden

Löse das gegebene LGS mit dem Gleichsetzungsverfahren.

I $x + y = 7$ und **II** $2y + x = 8$.

(1) Umformen:

I $x + y = 7 \quad |-x$ **II** $2y + x = 8 \quad |-x$

$y = -x + 7$ $2y = -x + 8 \quad |:2$

$y = -12x + 4$

(2) Gleichsetzen:

I = II: $-x + 7 = -12x + 4 \quad |+12x$

$-12x + 7 = 4 \quad |-7$

$-12x = -3 \quad |\cdot(-2)$

$x = 6$

(3) Einsetzen:

$x = 6$ in **I**: $6 + y = 7 \quad \rightarrow y = 1$

(4) Lösung: $x = 6$ und $y = 1$ oder $\mathbb{L} = \{(6|1)\}$

(5) Probe: $1 = -12\cdot 6 + 4 = -3 + 4 = 1$ ✓

1 Löse das gegebene lineare Gleichungssystem mit **I** $-x - y = 3$ und **II** $3x - 2y = 4$ nach dem Gleichsetzungsverfahren.

(1) Umformen:

$-x - y = 3$ $3x - 2y = 4$

(2) Gleichsetzen: ____________

(3) Einsetzen: ____________

(4) Lösung: ____________

(5) Probe: ____________

2 Gegeben sind das folgende lineare Gleichungssystem sowie die grafische Darstellung der zugehörigen Geraden.

I $-2x + 3y = 0$ und **II** $3x - 2y = 1$

a) Bestimme die Koordinaten von S mithilfe der Zeichnung. S(___|___)

b) Bestimme die Funktionsgleichungen der Geraden I und II und berechne den Schnittpunkt S genau.

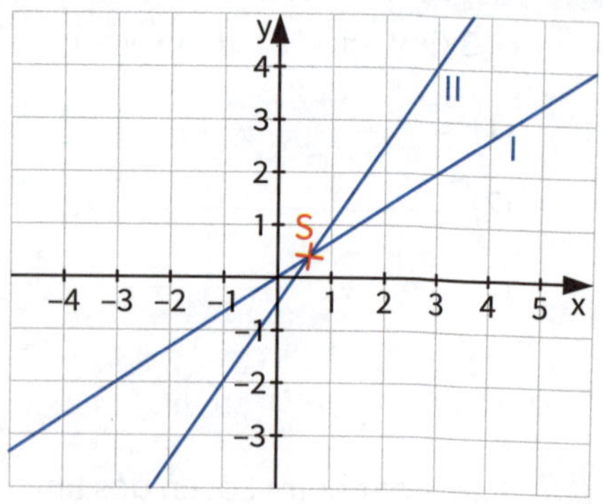

3 Mituntern kann es sinnvoll sein, die Gleichungen eines LGS nach dem <u>Vielfachen</u> einer Variable umzustellen, um Ergebnisse schneller zu erhalten. Forme die Gleichungen in geeigneter Weise um.

a) I $2x + 3y = 1$ ____________

II $-x + 3y = 7$ ____________

b) I $-3y + 0{,}5x = 2$ ____________

II $0{,}5x + 2y = 3$ ____________

4 Nora möchte das folgende LGS mit dem Gleichsetzungsverfahren lösen: **I** $2y - 3x = 5$ und **II** $4x - y = 5$.
Sie erhält $2y - 3x = 4x - y$.

a) Beurteile ihr Vorgehen. Welchen Hinweis kannst du Nora geben?

b) Bea möchte Gleichung II mit 2 multiplizieren. Begründe, weshalb sie diese Umformung zur Berechnung des Ergebnisses durchführen möchte und ermittle die Lösung des LGS.

Lineare Gleichungssysteme lösen – Einsetzungsverfahren

Einsetzungsverfahren

Ein lineares Gleichungssystem mit den Variablen x und y wird nach dem Einsetzungsverfahren gelöst, indem eine der Gleichungen nach einer geeigneten Variable umgeformt und dieser Term dann in die andere Gleichung eingesetzt wird.

(1) Man formt eine lineare Gleichung nach einer Variablen um.

(2) Den ermittelten Term setzt man in die andere lineare Gleichung ein und löst die Gleichung.

(3) Die erhaltene Lösung setzt man in eine der Gleichungen ein berechnet den Wert für die zweite Variable.

(4) Man gibt die Lösung an.

(5) Anschließend wird eine Probe angefertigt.

WEBCODE WES-121591-021

Einsetzungsverfahren anwenden

Lösen eines LGS mit dem Einsetzungsverfahren

Löse das gegebene LGS mit dem Einsetzungsverfahren.

I $8x - 5y = -14$ **II** $3x + y = 12$

(1) Umformen: Stelle Gleichung II nach y um.

II $3x + y = 12 \quad | -3x$

$y = 12 - 3x$

(2) Setze II in I ein: $8x - 5 \cdot (12 - 3x) = -14$

$8x - 60 + 15x = -14$

$23x - 60 = -14 \quad | +60$

$23x = 46 \quad | :23$

$x = 2$

(3) Wert einsetzen in II:

$3 \cdot 2 + y = 12$

$6 + y = 12 \quad | -6$

$y = 6$

(4) Lösung: $x = 2$ und $y = 6$ oder $\mathbb{L} = \{(2|6)\}$

(5) Probe: $8 \cdot 2 - 5 \cdot 6 = -14$ ✓ $3 \cdot 2 + 6 = 12$ ✓

1 Löse das lineare Gleichungssystem mit dem Einsetzungsverfahren.

I $y + 2x = 6$ und **II** $10x - 2y = 44$

(1) Umformen:

I y = ____________

(2) Einsetzen:

____

____

(3) Wert einsetzen in ___:

____

____

(4) Lösung: ____________

(5) Probe: ____________

2 Löse das folgende LGS mit dem Einsetzungsverfahren. **I** $93x + y = 200$ **II** $5x + 4 = 3y - 28$

3 Tobias und Marc möchten mit dem Einsetzungsverfahren die Lösung des folgenden LGS berechnen.

I $3y + 6x = 45$ **II** $x + 8y = 45$

Tobias möchte Gleichung **I** nach y auflösen, Marc Gleichung **II** nach x.

Entscheide, wer von den beiden das geschicktere Vorgehen gewählt hat und berechne die Lösung des LGS.

4 Manchmal ist es beim Einsetzungsverfahren sinnvoll, eine Gleichung nach dem Vielfachen einer Variablen aufzulösen. Vervollständige. Die Lösung des LGS ist nicht gefordert.

a) **I** $3x + 2y = -2$ **II** $3x - 4y = 5$

$5 + 4y +$ ______ $= -2$

b) **I** $-4y + 2x = 1$ **I** $3x + 4y = -2 \quad | -3x$

$-(-2$ ______ $) + 2x = 1$

c) **I** $\frac{1}{2}x - 2 = -y$ **II** $0{,}5x + 2y = 1 \quad | -2y$

______ $- 2 = -y$

Lineare Gleichungssysteme lösen – Additionsverfahren

Additionsverfahren

Beim Lösen eines linearen Gleichungssystems (LGS) mit dem Additionsverfahren werden die Gleichungen so umgeformt, dass bei der Addition dieser Gleichungen eine Variable entfällt und dann der Wert der verbliebenen Variable berechnet werden kann.

(1) Man formt die linearen Gleichungen so um, dass in jeder der Gleichungen die gleichen Zahlen mit unterschiedlichen Vorzeichen vor einer gewählten Variable stehen (Zahl und Gegenzahl).
(2) Die Gleichungen werden addiert, sodass die Variable entfällt.
(3) Man berechnet den Wert der anderen Variable.
(4) Durch Einsetzen des ermittelten Wertes wird die zweite Variable berechnet.
(5) Überprüfung durch eine Probe.

WEBCODE WES-121591-022

Additionsverfahren anwenden

Löse das gegebene LGS mit
I $-2x - 3y = 8$ und **II** $-5x + 6y = 20$

(1) Umformen:
I $-2x - 3y = 8 \quad |\cdot 2$ **II** $-5x + 6y = 20$
$-4x - 6y = 16$

(2) Addieren (I + II): *Es werden jeweils die linken und rechten Seiten der Gleichungen **I** und **II** addiert.*

$$\underbrace{-4x - 6y}_{I} + \underbrace{(-5x) + 6y}_{II} = \underbrace{16}_{I} + \underbrace{20}_{II}$$

(3) Variable berechnen:
$-9x = 36 \quad |:(-9) \qquad x = -4$

(4) Einsetzen:
$-2 \cdot (-4) - 3y = 8$
$8 - 3y = 8 \quad |-8$
$-3y = 0 \quad |:(-3) \qquad y = 0$

Lösung: $x = -4$ und $y = 0$ oder $\mathbb{L} = \{(-4|0)\}$

(5) Probe: $-2 \cdot (-4) - 3 \cdot 0 = 8$ ✓ $\quad -5 \cdot (-4) + 6 \cdot 0 = 20$ ✓

1 Löse das lineare Gleichungssystem mit dem Additionsverfahren.
I $x + 2y = 5$ und **II** $2x - 3y = 3$

(1) Umformen:
I = (−2)

(2) Addieren (I + II):

(3) Variable berechnen:

(4) Einsetzen:

(5) Probe:

2 Löse das lineare Gleichungssystem mit dem Additionsverfahren.
I $3x + 6y = 12$ **II** $8x + 3y = -7$

3 Wurde hier richtig gerechnet? Überprüfe die Rechnungen, korrigiere sie gegebenenfalls und vervollständige die Berechnung mit dem Additionsverfahren.

a) **I** $2x + 3y = -1 \quad |+2x$
II $-4x + y = 2$
I + II: $4y = 1$

b) **I** $2a + 9b = -3 \quad |\cdot(-2)$
II $4a + 4b = 8$
I + II: $-14b = 14$

4 Lineare Gleichungssysteme können auch durch ein „Subtraktionsverfahren" gelöst werden. Vervollständige.

a) **I** $y = 2x + 3$
II $y = -6x + 9$
I − II:

b) **I** $6a + 7b = -3$
II $6a - 2b = 5$

c) **I** $-8x + 3y = 7$
II $3y = -1 + 2x$

d) **I** $2s = 9 - 8t$
II $3 = 4s - 8t$

Sachaufgaben mit linearen Gleichungssystemen lösen

Informationstext als Gleichungssystem schreiben

Viele interessante Problemstellungen können mithilfe von linearen Gleichungssystemen gelöst werden.

(1) Zuerst **liest** man den **Informationstext gründlich** und formuliert gegebenenfalls eine geeignete Frage.

(2) Man überlegt, **welche Größen** gesucht sind und legt für diese Variablen fest.

(3) Mithilfe einer **Tabelle oder Skizze** werden die gegebenen und gesuchten Größen übersichtlich dargestellt, falls dies erforderlich ist.

(4) Man **formuliert zwei Gleichungen** und **löst** diese mit einem geeigneten Verfahren.

(5) Abschließend fertigt man eine **Probe** an.

WEBCODE WES-121591-023

Zahlenrätsel mithilfe eines LGS lösen

Löse das folgende Zahlenrätsel.

Addiert man zu einer Zahl 17, so erhält man das Dreifache einer zweiten Zahl. Addiert man zur zweiten Zahl 5, so erhält man das Dreifache der ersten Zahl.

(1) Welche Zahlen werden gesucht?

(2) Erste Zahl: a; zweite Zahl: b

(3) LGS:

I $a + 17 = 3b$ **II** $b + 5 = 3a$

II $b = 3a - 5$

II in I: $a + 17 = 3 \cdot (3a - 5)$ *(Einsetzungsverfahren)*

$a + 17 = 9a - 15$ $\quad | +15, -a$

$8a = 32 \rightarrow a = 4 \rightarrow b = 7$

Die erste Zahl ist 4 und die zweite Zahl ist 7.

(4) Probe: $\mathbf{4} + 17 = 3 \cdot \mathbf{7}$ ✓ $7 + 5 = 3 \cdot \mathbf{4}$ ✓

1 Löse das folgende Zahlenrätsel.
Subtrahiert man vom Sechsfachen einer Zahl das Vierfache einer zweiten Zahl, erhält man die Summe vom Doppelten der ersten Zahl und 12. Subtrahiert man die zweite Zahl von 50, erhält man als Differenz die Summe von der ersten Zahl und 5.

(1) ____________________ (3) LGS: **I** __________ **II** __________

(2) ____________________

Lösung: ____________________ Antwort: ____________________

(4) Probe: ____________________

2 Ein rechteckiges Grundstück soll neu eingezäunt werden. Für die Umzäunung wird ein 186 m langer Maschendrahtzaun benötigt. Eine Grundstücksseite ist 29 m länger als die andere. Bestimme die Längen der Grundstücksseiten und berechne den Flächeninhalt des Grundstücks.

3 Zwei Autovermieter bieten unterschiedliche Tarife an. Vermieter A verlangt eine Grundgebühr von 50 € und für jeden gefahrenen Kilometer 0,65 €. Bei Vermieter B zahlt man 1,90 € pro Kilometer aber keine Grundgebühr.
a) Stelle ein LGS auf und löse es mit einem geeigneten Verfahren. b) Erläutere die Bedeutung der Lösung.

4 Maximilian besitzt zwei Sparbücher. Beim ersten beträgt der Zinssatz 2,5 %, beim zweiten 1,8 %. Er erhält jährlich 40,90 € Zinsen. Würde der Zinssatz beim ersten Sparbuch 1,8 % und beim zweiten 2,5 % betragen, erhielte er jährlich 41,75 € Zinsen. Kreuze an, mit welchem linearen Gleichungssystem du die Sachaufgabe löst.

☐ A **I** $x \cdot 1{,}025 + y \cdot 1{,}018 = 40{,}90$
II $x \cdot 1{,}018 + y \cdot 1{,}025 = 41{,}75$

☐ B **I** $x \cdot 0{,}025 + y \cdot 0{,}018 = 40{,}90$
II $x \cdot 0{,}018 + y \cdot 0{,}025 = 41{,}75$

☐ C **I** $x \cdot 1{,}025 + y \cdot 1{,}018 = x + y + 40{,}90$
II $x \cdot 1{,}018 + y \cdot 1{,}025 = x + y + 41{,}75$

Welches Level erreichst du?

Starte bei Level 1 und löse mindestens 2 Aufgaben des Levels. Gehe anschließend zum nächsten Level weiter und fahre so fort.

Level 1

1 Gegeben ist die lineare Gleichung $2x - y = 1$.

a) Prüfe rechnerisch, ob $(-2|-5)$ und $(4|6)$ Lösungen der Gleichung sind.

b) Vervollständige die Wertepaare $(1|\_\_\_)$ und $(\_\_\_|5)$, sodass sie Lösungen der Gleichung sind.

2 Benenne das beschriebene Lösungsverfahren zum Lösen eines linearen Gleichungssystems.

a) *Eine der beiden Gleichungen wird nach einer Variablen umgestellt und dieser Term in die andere Gleichung eingesetzt.*

b) *Beide Gleichungen werden nach derselben Variablen oder deren Vielfachen aufgelöst und zu einer neuen Gleichung zusammengefasst.*

3 Berechne die Lösung vom LGS **I** $2y = 3x - 4$ und **II** $y = x + 1$ mit einem geeigneten Verfahren.

4 Berechne die Lösung vom LGS **I** $6x + y = 5$ und **II** $y = 2x + 1$ mit einem geeigneten Verfahren.

Level 2

5 Mit der Geraden g können alle Lösungen einer linearen Gleichung mit zwei Variablen dargestellt werden.

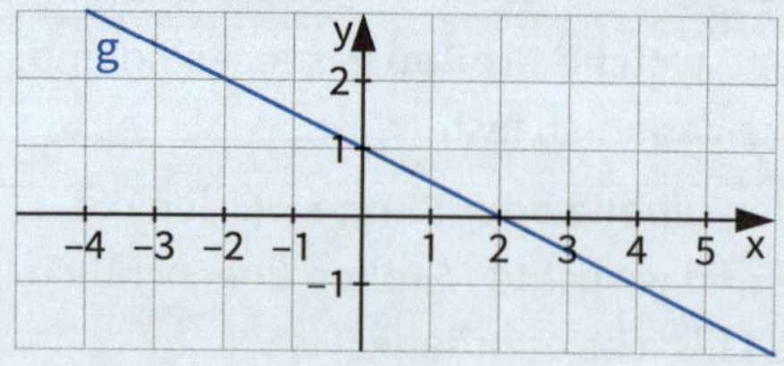

a) Gib die zur Geraden g gehörende Gleichung an.

b) Löst $(1{,}5|0{,}5)$ die lineare Gleichung? Begründe deine Antwort. Notiere zwei Lösungen der Gleichung.

6 Zwei Geraden a und b haben den dargestellten Verlauf. Gib an, wie viele Lösungen das zugehörige lineare Gleichungssystem hat.

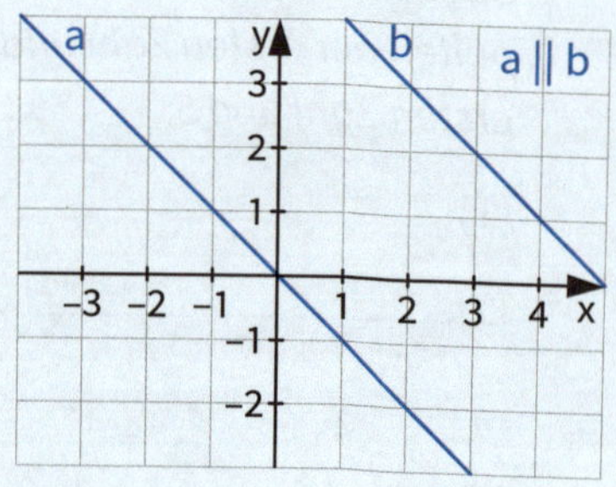

Das lineare Gleichungssystem hat ___ Lösungen.

7 Gegeben sind zwei Geraden, die sich in S schneiden. Kreuze an, welches lineare Gleichungssystem zu den Graphen passt.

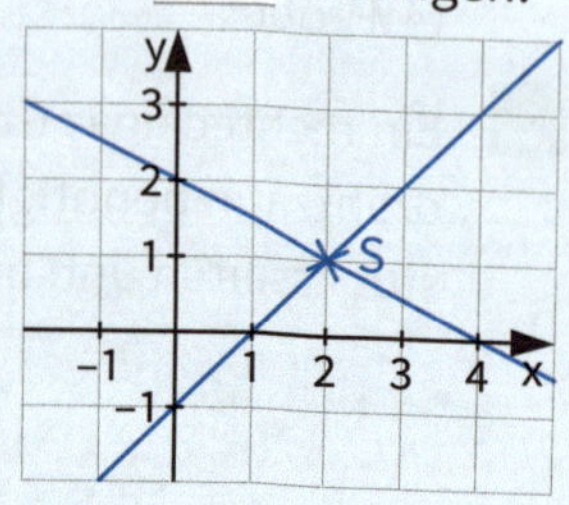

☐ A ☐ B

A **I** $y = x + 1$
II $y = -2x + 2$

B **I** $y = x - 1$
II $y = -0{,}5x + 2$

8 Berechne die Lösung des linearen Gleichungssystems. **I** $14x + 6y = 10$ und **II** $8x + 6y = -2$.

Level 3

9 Gegeben ist das LGS **I** $y = \frac{3}{5}x + \frac{2}{3}$ und **II** $y = 0{,}6x + \frac{3}{4}$.
Begründe, dass das LGS keine Lösung hat.

10 Alle Lösungen einer linearen Gleichung können mithilfe einer Geraden g dargestellt werden. Notiere die zugehörige lineare Gleichung in der Form $a \cdot x + b \cdot y = c$ und gib zwei Lösungen an.

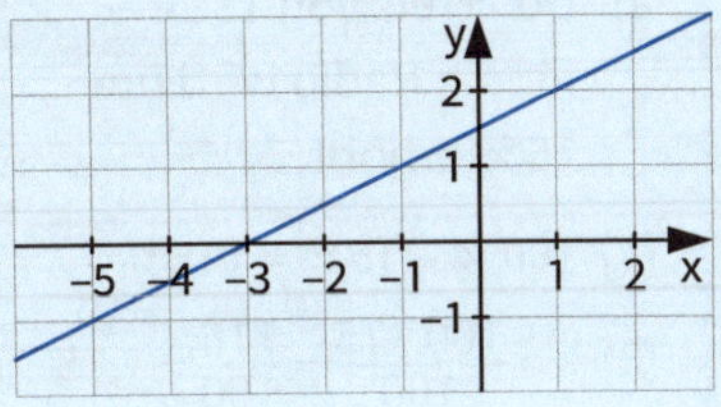

11 Die Gerade g sowie die Punkte A und S sind gegeben.

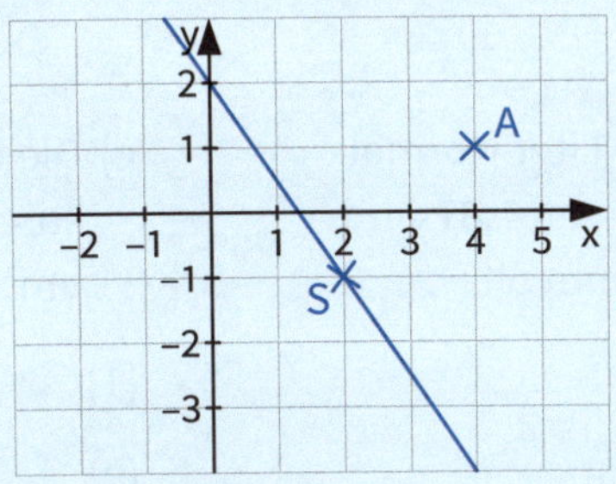

a) Zeichne eine Gerade h durch A, die g in S schneidet.

b) Notiere das zugehörige lineare Gleichungssystem und überprüfe den Schnittpunkt S durch eine Rechnung.

I y = ____

II y = ____

12 Das Doppelte der Zahl x ist um 6 größer als y. Die Summe beider Zahlen ergibt 24.

a) Stelle ein lineares Gleichungssystem auf.

I ____ **II** ____

b) Löse das LGS mit einem geeignetem Verfahren.

Level 4

13 Vervollständige das lineare Gleichungssystem **I** $-x - a \cdot y = 10$ und **II** $y = 2x - b$, sodass es die Lösung $(2|-3)$ hat.

14 Der Umfang eines Dreiecks beträgt 18 cm. Die Seite a des Dreiecks ist doppelt so lang wie Seite b.

a) Stelle ein lineares Gleichungssystem zur Berechnung der Längen der Seiten a, b und c auf.

I ____

II ____

b) Berechne die Lösung des LGS, wenn c = 6 cm lang ist.

15 Welches der drei Verfahren – Gleichsetzungs- (A), Einsetzungs- (B) oder Additionsverfahren (C) – führt am schnellsten zur Lösung des LGS? Kreuze an.

	LGS		A	B	C
a)	**I** $y = 2x - 5$	**II** $y = -4x + 6$	☐	☐	☐
b)	**I** $x + 3y = 24$	**II** $x = 4 + 2y$	☐	☐	☐
c)	**I** $4x + 2y = -26$	**II** $8x - 3y = -31$	☐	☐	☐

16 Gegeben sind die linearen Gleichungssysteme A und B:

A **I** $x - 3y = 2$
II $-x + 7y = 6$

B **I** $x - y = 1$
II $-x + y = 1$

a) Wende jeweils das Additionsverfahren auf das LGS an.

A ____ B ____

b) Löse das Gleichungssystem.

A ____ B ____

c) Ergänze. Gleichungssystem A hat als Lösung ____

Gleichungssystem B hat ____.

17 Was wurde hier gerechnet? Erläutere, welcher Schritt in den Rechnungen durchgeführt wurde. Überprüfe anschließend die Rechnungen und korrigiere sie gegebenenfalls.

I $6x - y = 5$ **II** $y = 2x + 1$ ____ : $6x - 2x + 1 = 5$

Erhöhung – Prozentfaktor k > 1

Bei prozentualen Erhöhungen kannst du neue Werte schnell mit dem Prozentfaktor k berechnen. Bei einer prozentualen Erhöhung ist der Prozentfaktor k stets größer als 1.

Erhöhung um den Prozentsatz p %:

(1) Addiere p % zu 100 % : 100 % + p %

(2) Wandle das Ergebnis in eine Dezimalzahl um, sodass du den Prozentfaktor k erhältst: $k = \frac{100 + p}{100}$

(3) Multipliziere den Grundwert G mit dem Prozentfaktor k.

WEBCODE WES-121591-026

Neue Preise bei Preiserhöhungen berechnen

a) Der Preis von 130 € für ein Radio wird um 15 % erhöht.

(1) 100 % + 15 % = 115 %

(2) $k = \frac{100 + 15}{100} = \frac{115}{100} = 1{,}15$

(3) 130 € · 1,15 = 149,50 €

Antwort: Der neue Preis beträgt 149,50 €.

b) Die Miete von 850 € für eine Wohnung wird um 5 % erhöht.

(1) 100 % + 5 % = 105 %

(2) $k = \frac{100 + 5}{100} = \frac{105}{100} = 1{,}05$

(3) 850 € · 1,05 = 892,50 €

Antwort: Die neue Miete beträgt 892,50 €.

1 Berechne den neuen Wert.

a) Der Energiebedarf eines Motors von 1 400 kWh nimmt bei Belastung um 22 % zu.

(1) ____________

(2) ____________

(3) ____________

Antwort: ____________

b) Der Preis pro Liter Normalbenzin steigt von 1,87 € um 5 %. Runde sinnvoll.

(1) ____________

(2) ____________

(3) ____________

Antwort: ____________

c) Die Produktion eines Werkstücks wird von 2 340 pro Tag um 10 % gesteigert.

(1) ____________

(2) ____________

(3) ____________

Antwort: ____________

2 Berechne den erhöhten Wert.

a) Der Preis für einen Sportwagen beträgt 38 700 €. Im neuen Jahr soll der Preis um 4 % erhöht werden.

b) Die Miete für eine Garage beträgt pro Monat 75 €. Sie soll um 6 % erhöht werden.

c) Der durchschnittliche Preis für Strom beträgt 36 ct pro Kilowattstunde. Der Preis soll um 13 % erhöht werden.

3 Ordne den Erhöhungen ihre Prozentsätze und Prozentfaktoren zu.

a) Eine Strecke S wird verdoppelt.

– Erhöhung um ____ %

– Prozentfaktor: ____________

b) Die Masse M verdreifacht sich.

– Erhöhung um ____ %

– Prozentfaktor: ____________

c) Ein Preis P steigt um das 4,5-fache.

– Erhöhung um ____ %

– Prozentfaktor: ____________

4 Vervollständige die Tabelle für die jeweilige Erhöhung.

Grundwert G	80 €	110 kg	200 €		150 m	300 €
Prozentsatz p %	15 %	25 %		3 %	13,5 %	
Prozentfaktor k	1,15		1,38			
Neuer Wert W				97,85 €		357 €

Prozentuale Verminderung

Verminderung – Prozentfaktor k < 1

Bei prozentualen Verminderungen kannst du neue Werte schnell mit dem Prozentfaktor k berechnen. Bei einer prozentualen Verminderung ist der Prozentfaktor k stets kleiner als 1.

Verminderung um den Prozentsatz p %:

(1) Subtrahiere p % von 100 % : 100 – p %

(2) Wandle das Ergebnis in eine Dezimalzahl um, sodass du den Prozentfaktor k erhältst: $k = \frac{100 - p}{100}$

(3) Multipliziere den Grundwert G mit dem Prozentfaktor k.

WEBCODE WES-121591-027

Neue Preise bei Preisverminderungen berechnen

a) Der Preis von 85 € für eine Hose wird um 10 % gesenkt.

(1) 100 % – 10 % = 90 %

(2) $k = \frac{100 - 10}{100} = \frac{90}{100} = 0{,}9$

(3) 85 € · 0,9 = 76,50 €

Antwort: Der neue Preis beträgt 76,50 €.

b) Ein Rucksack für 189 € ist in einer Aktionswoche 35 % günstiger geworden.

(1) 100 % – 35 % = 65 %

(2) $k = \frac{65}{100} = 0{,}65$

(3) 189 € · 0,65 = 122,85 €

Antwort: Der neue Preis beträgt 122,85 €.

1 Berechne den neuen Wert.

a) Der Energiebedarf eines Motors von 1 400 kWh nimmt um 22 % ab.

(1) ______

(2) ______

(3) ______

Antwort: ______

b) Der Preis pro Liter Normalbenzin sinkt von 1,87 € um 5 %. Runde sinnvoll.

(1) ______

(2) ______

(3) ______

Antwort: ______

c) Die Produktion eines Werkstücks wird von 2 340 pro Tag um 10 % gesenkt.

(1) ______

(2) ______

(3) ______

Antwort: ______

2 Berechne den verminderten Wert.

a) Der Preis für einen Sportwagen beträgt 38 700 €. Er sollum 5 % gesenkt werden.

b) Ein Handy kostet 470 €. Im Angebotszeitraum soll der Preis um 19 % reduziert werden.

c) Ein 115 kg schwerer Sportler möchte sein Gewicht um 15 % reduzieren.

3 Vervollständige die Tabelle für die jeweilige Verminderung.

Grundwert G	90 €	130 m	2 000 €		24 000 kg	250
Prozentsatz p %	15 %		6 %	3 %	0,5 %	
Prozentfaktor k		0,70				
Neuer Wert W				194 km		200

4 Überprüfe die Aussagen und nimm dazu Stellung.
Felix: *Letzte Woche kostete der Käse noch 1,99 €.*
Michelle: *Der Preis für Käse ist um 20 % gestiegen.*
Laura: *Für den gleichen Preis erhält man also nur noch 80 % der ursprünglichen Masse.*

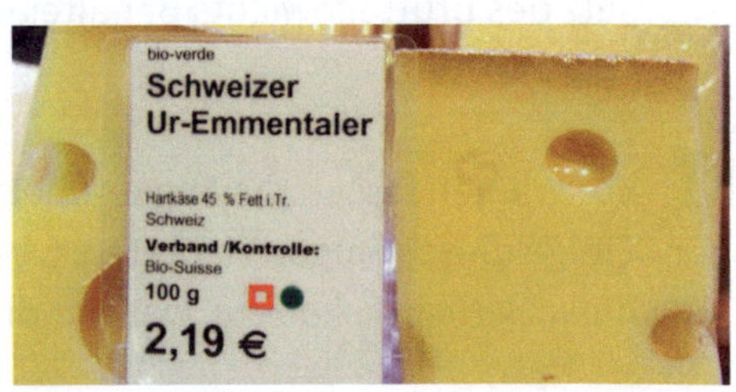

______

______

Brutto und Netto

Zusammengesetzte Größen und reine Anteile

Mit dem Begriff brutto (lat. brutus – unrein) wird eine aus verschiedenen Teilen zusammengesetzte Größe bezeichnet. Ein verbleibender reiner Anteil wird mit dem Begriff netto (ital. netto – rein) beschrieben.

	Lohn/Gehalt	Preis	Gewicht
Brutto	Arbeitsentgelt inkl. Lohnnebenkosten	reiner Warenwert inkl. Umsatzsteuer	Gewicht von Ware, Verpackung und Trägerstoffen
Netto	Entgelt nach Abzug der Lohnnebenkosten	reiner Warenwert	Gewicht der Ware

Als Lohnnebenkosten werden Steuern und die Arbeitnehmeranteile der Sozialabgaben bezeichnet.

WEBCODE WES-121591-028

Nettogrößen berechnen

a) Berechne den ausgezahlten Nettolohn.

Lohn/Gehalt:	3 200 €
Lohnsteuer (Klasse I):	355,08 €
Kirchensteuer:	31,95 €
Krankenversicherung:	273,60 €
Rentenversicherung:	297,60 €
Arbeitslosenversicherung:	41,60 €
Pflegeversicherung:	76,80 €

Nettolohn: 3 200 € – 387,03 € – 689,60 € = 2 123,37 €

b) Berechne den Nettopreis des Mountain-Bikes.

Preis (Bruttopreis) für ein Mountain-Bike: 1345 €
Mehrwertsteuer (19 % vom Preis): 255,55 €

Nettopreis: 1 345 € – 255,55 € = 1 089,45 €

1 Milena verdient nach erfolgreichem Abschluss ihrer Lehre 2 497,42 € brutto im Monat.

a) Berechne die Höhe der Sozialabgaben (Krankenversicherung: 212,91 €; Rentenversicherung: 232,26 €; Arbeitslosenversicherung: 32,47 €; Pflegeversicherung: 59,94 €).

b) Wie hoch ist ihr Nettolohn, wenn die zu entrichtenden Steuern 219,80 € betragen?

2 Die Mehrwertsteuer (Umsatzsteuer) ist eine Verbrauchsteuer, die vom Staat auf alle Leistungen oder Waren von Unternehmen erhoben werden. Sie beträgt in der Regel 19 % des in Rechnung gestellten Nettobetrags.

a) Die 9c bestellt 20 Taschenrechner. Der Nettopreis eines Taschenrechners beträgt 54,62 €. Berechne den Bruttopreis für die gesamte Bestellung. Runde sinnvoll.

b) Während der Coronakrise senkte die Bundesregierung die Mehrwertsteuer zwischenzeitlich von 19 % auf 16 %. Um wie viel Euro günstiger war ein Einkauf, der vor der Krise 65 € kostete?

3 Das Bruttogewicht ist die Summe des Gewichts einer reinen Ware, des Behälters und der Verpackung. Die Differenz zwischen Brutto- und Nettogewicht ist das Taragewicht.
Eine Ware wiegt brutto 200,6 kg und netto 190,4 kg. Berechne das Taragewicht und bestimme, welchen Prozentsatz des Bruttogewichts Behälter und Verpackung zusammen ausmachen. Runde sinnvoll.

4 Vor Wahlen lassen die Abgeordneten vieler politischer Parteien ihre Wahlslogans auf Plakate drucken. Einige dieser Slogans lauteten: *„Arbeit muss sich wieder lohnen – mehr Netto vom Brutto."* oder *„Mit Sicherheit mehr Netto".* Diskutiere, was mit diesen Aussagen gemeint sein könnte.

Vergünstigungen beim Warenhandel

Die Begriffe Rabatt und Skonto bezeichnen zwei verschiedene Arten von *Preisnachlässen*.

Rabatte werden beim Kauf von großen Mengen, im Ausverkauf oder bei besonderen Verkaufsaktionen gewährt (beispielsweise im Winterschlussverkauf).

Ein Skonto ist eine Vergünstigung, die bei Rechnungsstellungen oder im Barverkauf gewährt wird. Der Skonto dient als Anreiz für einen möglichst frühen Ausgleich einer Rechnung.

WEBCODE WES-121591-029

Vergünstigte Preise berechnen

a) In einem Werbeprospekt für Schuhe steht: „Beim Kauf von zwei Paaren erhalten Sie 50 % Rabatt auf das günstigere Paar“. Wie hoch ist der reduzierte Preis, wenn Felix ein Paar Sportschuhe für 74,90 € und ein Paar Wanderschuhe für 119,40 € kauft?
119,40 € + 74,90 € · 0,5 = 119,40 € + 37,45 € = 156,85 €

b) Ein Wohnmobil kostet beim Händler 52 000 €. Er gewährt 2 % Skonto bei Barzahlung innerhalb einer Woche. Wie hoch ist der neue Preis?
52 000 € · 0,98 = 50 960 €

1 Eine Werbeanzeige für Modeartikel verspricht: „10 % auf deine zwei Lieblingsartikel beim Kauf von 4 Artikeln“. Jan kauft die folgenden Artikel: Herren-Sneaker: 99,95 €; Jeans: 88,99 €; Hemd: 39,99 €; Umhängetasche: 59,99 €. Gib an, welche Artikel Jan als Lieblingsartikel auswählen sollte, um den günstigsten Preis zu erhalten und berechne den neuen Gesamtpreis.

2 Die Waldkreis-Schule bestellt bei einem Sportartikelhersteller 40 Badminton-Schläger. Auf der Website des Herstellers steht: 24,99 € pro Stück; ab einer Anzahl von 10 je 22,99 €; ab einer Anzahl von 30 je 19,99 €. Bei Zahlung innerhalb von 7 Tagen 3 % Skonto. Wie hoch sind die Gesamtkosten mit Skonto?

3 In einem Werbeprospekt wird für eine Zahncreme geworben: „Statt 3,45 € nur noch 2,99 €. Sie sparen 13 %.“

a) Überprüfe die Angabe zum Rabatt.

b) Simone kauft 3 Tuben von der beworbenen Zahncreme. Wie hoch ist der prozentuale Rabatt gegenüber dem Einzelpreis ohne Rabatt? Runde auf ganze Prozent.

4 ✪ Ein Händler kalkuliert den Nettopreis für eine Ware: Einkaufspreis EP + Gewinn (7,5 %) + Kundenskonto (3 %) + Kundenrabatt (3 %) = Nettopreis NP. Erstelle eine Formel, mit der der Händler den Bruttopreis BP durch Multiplikation des Preises EP mit nur einem Faktor sofort berechnen kann. Runde auf zwei Nachkommastellen.

BP = ________ · NP = ________

Zinsen bei Kapitalanlagen

Zinsen sind Kapitalerträge für angelegtes Geld

Wird bei einer Bank ein bestimmter Geldbetrag auf einem Sparkonto angelegt, werden dem Sparer für den Anlagezeitraum Zinsen zu einem vorher festgelegten Satz gutgeschrieben.

Man berechnet Zinsen für verschiedene Zeitspannen:

- Jahreszinsen: Zinsen = Kapital · Zinssatz $Z = K \cdot p\,\%$
- Monatszinsen: $Z = K \cdot p\,\% \cdot \frac{m}{12}$ mit m = Anlagedauer in Monaten
- Tageszinsen: $Z = K \cdot p\,\% \cdot \frac{t}{360}$ mit t = Anlagedauer in Tagen Ein Zinsjahr hat 360 Tage.

WEBCODE WES-121591-030

Kapitalerträge für Anlagezeiträume berechnen

Gegeben: Kapital K = 5 200 €; Zinssatz p = 2 %

- Zinsen für 1 Jahr:
  $Z = 5\,200\,€ \cdot 0{,}02 = 104\,€$
- Zinsen für 5 Monate:
  $Z = 5\,200\,€ \cdot 0{,}02 \cdot \frac{5}{12} = 104\,€ \cdot \frac{5}{12} = 43{,}33\,€$
- Zinsen für 110 Tage:
  $Z = 5\,200\,€ \cdot 0{,}02 \cdot \frac{110}{360} = 104\,€ \cdot \frac{110}{360} = 31{,}78\,€$

1 Berechne die Zinsen.

a) Renis Mutter legt bei der Bank ihres Vertrauens 7 800 € zu einem Zinssatz von 1,8 % für ein Jahr an.

b) Thores Vater erhält 2,3 % Zinsen für 12 000 €. Das Geld legt er für ein dreiviertel Jahr an.

c) Herr Müller überzieht für 20 Tage sein Girokonto um 980 €. Seine Bank verlangt für die Überziehung einen Zinssatz von 10,99 %. Runde sinnvoll.

2 Berechne die Zinsen für die dargestellten Geldanlagen.

a) Kapital K = 18 500 €; Anlagezeitraum m = 3 Monate; Zinssatz p % = 1,75 %

$Z = K \cdot p\,\% \cdot \frac{m}{12}$

b) Kapital K = 275 000 €; Anlagezeitraum t = 275 Tage; Zinssatz p % = 4,25 %

3 Berechne den fehlenden Wert.

a) Z = 112 €; p = 4 %
m = 7; K = ?

b) Z = 32,50 €; K = 6 500 €
t = 90; p % = ?

c) Z = 90 €; K = 18 000 €
p = 1,5 %; m = ?

d) Z = 85 €; K = 5 100 €
p = 3 %; t = ?

4 Berechne mit der Zinseszinsformel $K_n = K_0 \cdot (1 + \frac{p}{100})^n$ das Kapital K_3, dass die Bank nach n = 3 Jahren zurückzahlt, wenn man ein Grundkapital $K_0 = 9\,400\,€$ zu einem Zinssatz von p = 2,8 % anlegt. Runde sinnvoll.

K_3 =

tarte bei Level 1 und löse mindestens 2 Aufgaben des Levels. Gehe anschließend zum nächsten Level weiter und ahre so fort.

Level 1

1 Stimmt die Behauptung? Rechne nach.

a) Der alte Preis von 98 € steigt um 7 %. Das sind fast 7 € mehr.

b) Der Preis von 45 € ist bei der Preissenkung von 10 % um ca. 5 € höher als der neue.

2 In einer Dose sind Kichererbsen. Berechne, wie viel Prozent das Abtropfgewicht vom Füllgewicht beträgt. Erläutere den Begriff Nettogewicht anhand dieses Beispiels.

Füllmenge:
800 g ℮
Abtropfgewicht:
400 g

3 Berechne, wie hoch die Zinsen auf eine Anlage von 1 450 € bei einem Zinssatz von 3,5 % für ein Jahr ausfallen.

Level 2

4 Berechne die prozentuale Preisänderung und gib deren Art (Erhöhung oder Verminderung) an.

a) Von 35 € auf 32,9 €.

b) Von 78 € auf 86,58 €.

5 Händler A bietet ein Smartphone für 399 € zzgl. Versand (5,99 €) an, Händler B für 450 € mit 10 % Rabatt ohne Versandkosten. Bestimme, bei welchem Händler man das Smartphone günstiger erhält.

6 Gib an, für wie viele Tage ein Kapital vom 4. Mai bis zum 10. Juli verzinst wird.

Level 3

7 Kreuze den korrekten neuen Preis an.

a) Der Preis P sinkt um 10 %.

(1) $P \cdot 0{,}9$ ☐ (2) $P \cdot 0{,}1$ ☐ (3) $P - 0{,}1 \cdot P$ ☐

b) Ein Preis P sinkt auf 10 %.

(1) $P \cdot 0{,}9$ ☐ (2) $P \cdot 0{,}1$ ☐ (3) $P - 0{,}1 \cdot P$ ☐

8 ✪ Bernadette verdient 3 600 € brutto. Davon muss sie 19,6 % an Sozialabgaben zahlen. Sie möchte von ihrer Krankenkasse mit dem Zusatzbeitrag von 1,9 % zu einer mit nur 1,2 % Zusatzbeitrag wechseln. Berechne, wie viel Geld sie durch einen Wechsel im Laufe eines Jahres sparen könnte.

9 Für einen Kredit über 20 000 € verlangt eine Bank einen Jahreszins von 11,98 %. Berechne, welche Geldsumme nach einem Jahr an die Bank zurückgezahlt werden müsste.

Level 4

10 ✪ Ein Preis P vermindert sich erst um 10 % und erhöht sich anschließend wieder um 10 %. Wie hoch ist der neue Preis nach der zweifachen Veränderung? Kreuze an.

(1) $(P \cdot 0{,}9) \cdot 1{,}1$ ☐ (2) $P \cdot 0{,}99$ ☐

(3) P bleibt gleich ☐

11 Am 31.12. bekommt Alissa 20 € Zinsen auf 3 600 € zu 2,5 %. Berechne, wann sie das Geld angelegt hat.

12 Herr Sommer legt 10 000 € zu einem Zinssatz von 4 % fest für 3 Jahre an. Berechne, welchen Betrag die Bank nach 3 Jahren auf sein Konto überweisen muss.

Diagramme beschreiben, interpretieren und bewerten

Informationen aus grafischen Darstellungen

Mithilfe von Diagrammen sollen statistische Daten anschaulich dargestellt werden. Die wesentlichen Inhalte sollen leicht ablesbar sein, sodass man wichtige Informationen schnell erfassen kann.

Die folgenden Fragen helfen dir beim Beschreiben, Interpretieren und Bewerten von Diagrammen:

① Diagramme beschreiben
- Was soll dargestellt werden? (Überschrift)
- Welcher Diagrammtyp wird verwendet?
- Was fällt besonders auf? (Ausreißer, Extremwerte)
- Wer hat das Diagramm erstellt?
- Welche Merkmale werden erfasst und einander zugeordnet?

② Diagramme interpretieren
- Welche zentrale Aussage hat das Diagramm?
- Unterstützen die dargestellten Daten die zentrale Aussage des Diagramms?

③ Diagramme bewerten
- Wann wurde das Diagramm erstellt?
- Wann wurden die Daten gesammelt?
- Wurde das Diagramm korrekt gezeichnet?
- Stimmen Achsenbeschriftungen und -skalierungen mit den Daten überein?

▶ WEBCODE WES-121591-032

Politische Stimmung vor den Wahlen

Eine Zeitung veröffentlichte die folgende Schlagzeile und zitierte als Beleg einen Ausschnitt der Sonntagsfrage*:

„FDP nach Koalitionsbruch wieder auf dem Weg in den Bundestag"

Welche Partei würden Sie wählen, wenn am nächsten Sonntag Bundestagswahl wäre?

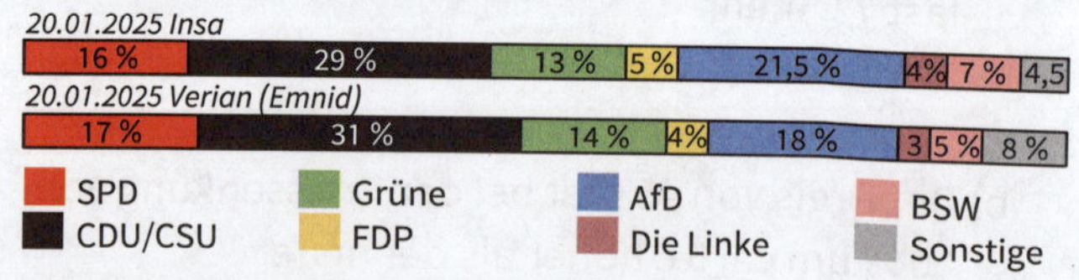

*Die Sonntagsfrage ist ein wichtiges Instrument zum Messen der politischen Stimmung in Deutschland.

Überprüfe, ob die Aussage der Schlagzeile durch das Diagramm gestützt wird.

① Es werden die Stimmenanteile der möglicherweise im Bundestag vertretenen Parteien zu verschiedenen Zeiten in Form von Streifendiagrammen dargestellt, wenn am Umfragetag gewählt worden wäre. Die Umfragen wurden im Abstand von einem Monat am 20.12.2024 vom Institut Verian und am 20.01.2025 von INSA durchgeführt.

② Die Diagramme sind neutral gestaltet, sodass sich verschiedene politische Aussagen formulieren lassen. Die Aussage der Schlagzeile kann in den Diagrammen wiedergefunden werden, weil die Partei FDP am Ende des untersuchten Zeitraums einen Stimmenanteil von 5 % der Befragten erreichen konnte und daher nach INSA im Bundestag vertreten wäre.

③ Die Umfragen treffen den wahren Wert nur mit großer Wahrscheinlichkeit. Sie sind lediglich Stichproben, die Abweichungen haben können. Zwei Umfragen, die zum gleichen Zeitpunkt gemacht werden, können also durchaus verschiedene Ergebnisse haben, die trotzdem beide den wahren Wert nicht treffen.

1 Der Medienkonzern IKANO veröffentlicht in einem Börsenblatt einen Jahresabschlussbericht über seine einzelnen Streamingdienstplattformen.

a) Beschreibe die Grafik.

Art: ______________________

Überschrift: ______________________

b) Gib die zentrale Aussage des Diagramms wieder.

____

____

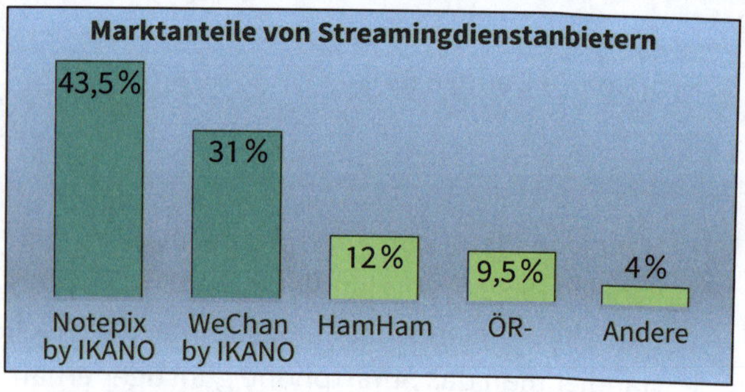

c) Mit welchen beiden Maßnahmen zur Gestaltung des Diagramms werden Anbieter A und B besonders betont?

____

____

Diagramme beschreiben, interpretieren und bewerten

2 Im Folgenden ist der Ausschnitt einer Infografik zum Ausbau des Mobilfunknetzes in Deutschland dargestellt.

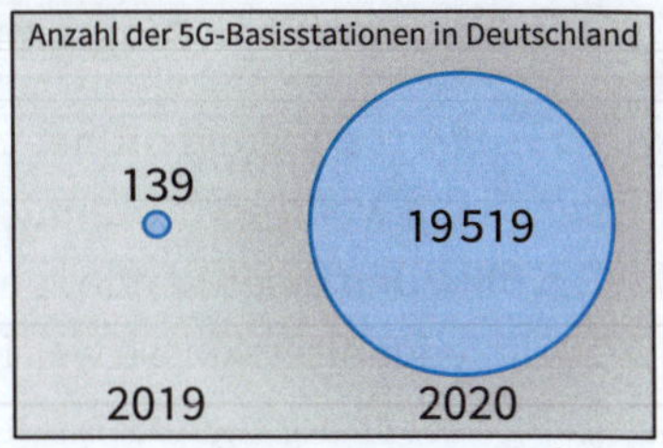

a) Beschreibe die Grafik.

Die Infografik ______________________________

____

b) Welche der Deutungen findest du am zutreffendsten? Kreuze an.

(1) Von 2019 auf 2020 hat die Anzahl der 5G-Basisstationen in Deutschland stark zugenommen. ☐

(2) Von 2019 auf 2020 ist die Anzahl der 5G-Basisstationen in Deutschland auf das 140-fache gestiegen. ☐

(3) Die Anzahl der 5G-Basisstationen in Deutschland stieg von 139 in 2019 auf 19519 in 2020. ☐

c) Schätze, ob in der Grafik der Kreis über „2020" eine angepasste Größe hat. Kreuze an.

Kreis ist zu klein. ☐ Kreis hat angepasste Größe. ☐ Kreis ist zu groß. ☐

d) Nimm an, dass in der Grafik der Kreis über „2019" einen Durchmesser von $d_1 = 1$ mm hat. Berechne den Durchmesser d_{140} eines Kreises, dessen Fläche das 140-fache beträgt. Runde auf ganze Millimeter.

____

3 Bei der Europawahl 2019 gab es 3,7 Mio. Erstwähler in Deutschland, 2024 hingegen konnten an der Wahl 4,8 Mio. Erstwähler teilnehmen.

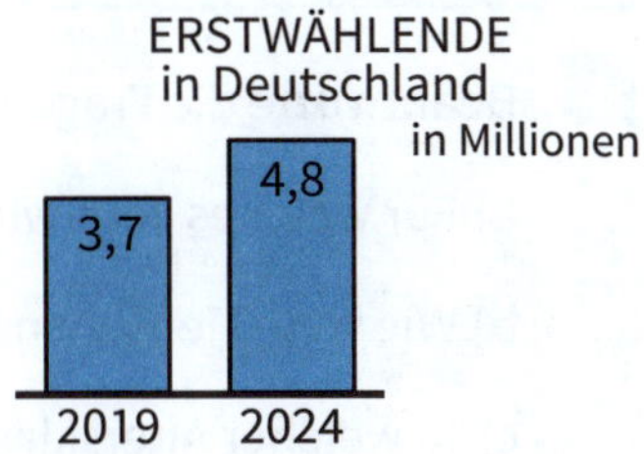

a) Zeichne ein Säulendiagramm, sodass es die zentrale Aussage transportiert: *„Die Anzahl der Erstwähler hat nur geringfügig zugenommen."*
Berücksichtige folgende Aspekte:
- geeignete Beschriftung der y-Achse
- Minimum der y-Achse auf Null setzen.

b) Zeichne ein Säulendiagramm, sodass es die zentrale Aussage transportiert: *„Die Anzahl der Erstwähler hat stark zugenommen."*
Berücksichtige folgende Aspekte:
- geeignete Beschriftung der y-Achse
- Minimum der y-Achse größer als Null setzen
- geeignete Säule optisch mit kräftiger Farbe hervorheben

4 Gegeben ist ein Diagramm zum Mobilfunkumsatz in Deutschland.

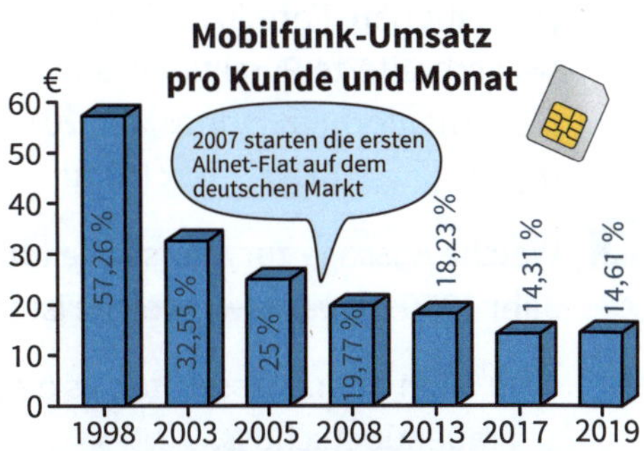

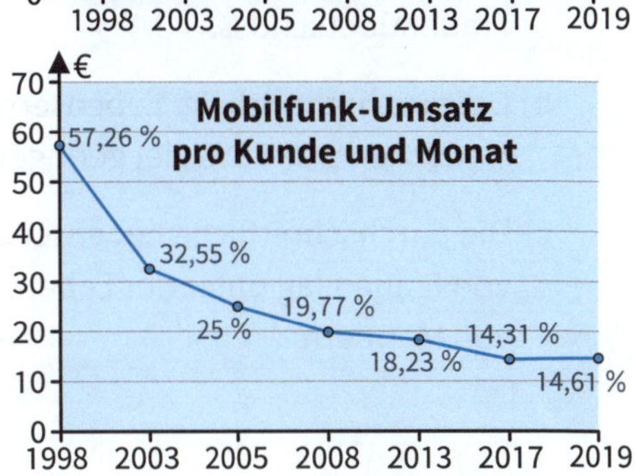

a) Informiert oder beeinflusst das Diagramm? Begründe deine Meinung.

____

b) Mia übernimmt die Daten aus dem Säulendiagramm und zeichnet ein Liniendiagramm. Darf sie die sieben Datenpunkte miteinander verbinden? Erläutere.

____

c) Der letzte Datenpunkt hat eine besondere Form. Erläutere, was Mia damit aussagen möchte?

____

Statistische Darstellung von Altersverteilungen

Demografie in Diagrammen

Eine *Altersverteilung* ordnet verschiedenen Altersklassen ihre jeweiligen prozentualen Anteile an der Bevölkerung eines Landes getrennt nach Geschlecht zu. In jeder Altersklasse werden mehrere Geburtsjahrgänge zusammengefasst. Für das Jahr der Untersuchung lässt sich so ein Abbild der Altersstrukturen der Bevölkerung eines Landes gewinnen.

Die *Formen* von Altersverteilungen können sich in Abhängigkeit vom jeweils untersuchten Land und dem Untersuchungsjahr unterscheiden.

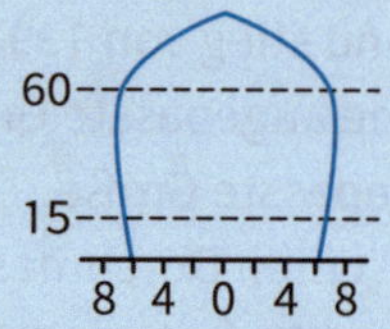

WEBCODE WES-121591-034

Altersverteilung in Deutschland

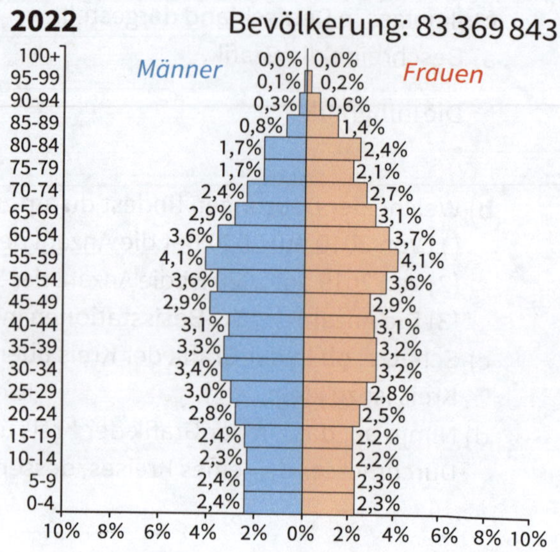

1 Beantworte die Fragen zur Altersverteilung in Deutschland.

a) Für welches Jahr wurde die Altersverteilung von Deutschland erstellt? ____________________

b) Wie viele Menschen lebten im Erfassungsjahr in Deutschland? ____________________

c) In welcher Altersklasse sind die meisten Frauen und in welcher die meisten Männer? ____________________

2 Vervollständige die Tabelle mithilfe der Altersverteilung von Deutschland aus dem Jahr 2022. Gehe von einer Gesamtzahl von 83,37 Mio. Menschen aus. Runde bei der absoluten Häufigkeit auf zwei Nachkommastellen.

		relative Häufigkeit		absolute Häufigkeit [Mio.]		Gesamt [Mio.]
	Altersklasse	Männer	Frauen	Männer	Frauen	
a)	0 – 4	2,4 %		83,37 · 0,024 = 2,00		3,92
b)		3,4 %	3,2 %			

3 Ordne den Namen der Altersverteilung ihre Form zu.

(A) stationäre Form (z. B. Türkei 2018)

(B) verbreiterte Pyramidenform (z. B. Niger 2021)

(C) Birnenform (z. B. Brasilien 2012)

(A) zu ____; (B) zu ____; (C) zu ____

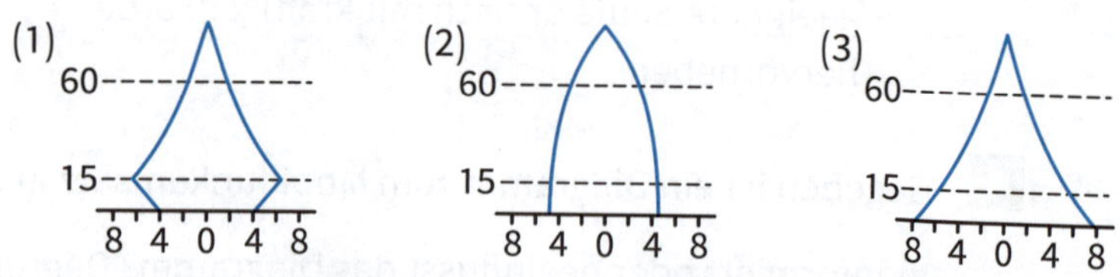

4 Welche Aussage zur Altersverteilung Deutschlands aus dem Jahr 1950 ist wahr (w), welche ist falsch (f)? Kreuze an.

a) In allen Altersklassen gab es einen Frauenüberschuss. ☐ w ☐ f

b) Die durchschnittliche Lebenserwartung der Menschen war 1950 viel geringer als 2022. ☐ w ☐ f

c) Die durchschnittliche Lebenserwartung von Frauen lag unter der Lebenserwartung von Männern. ☐ w ☐ f

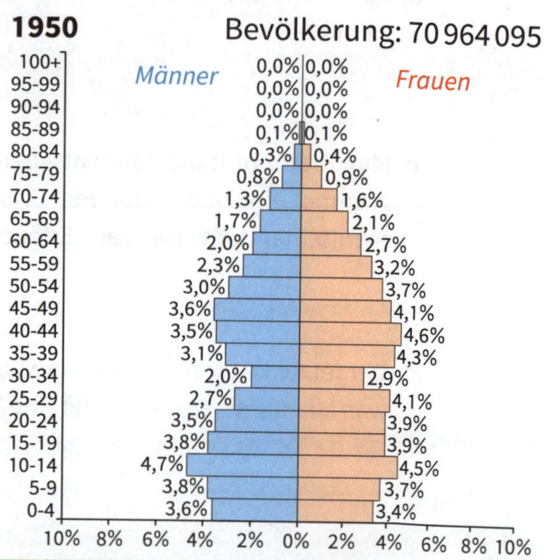

Vermischte Aufgaben

Zufallsexperiment, Pfadregeln, Gegenereignis

I Pfadregeln

Bei mehrstufigen Zufallsexperimenten können die Wahrscheinlichkeiten für einzelne Ereignisse mithilfe der Pfadregeln berechnet werden. Entlang eines Pfades wird die Produktregel angewendet. Umfasst ein Ereignis mehrere Pfade, wird die Summenregel angewendet.

II Gegenereignis $\overline{E}$:

Das Gegenereignis $\overline{E}$ umfasst alle Ergebnisse, die <u>nicht</u> zum Ereignis E gehören.

Es gilt: $P(\overline{E}) + P(E) = 100\,\% = 1$.

WEBCODE WES-121591-035

Wahrscheinlichkeiten geschickt berechnen

Berechne, wie groß beim 2-maligen Würfeln die Wahrscheinlichkeit ist, mindestens eine 6 zu würfeln?

a) Anwendung der Pfadregeln:

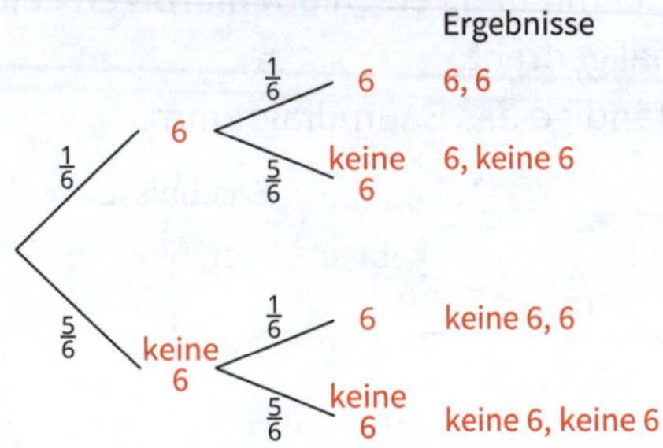

$P(E) = P(6, 6) + P(6, \neg 6) + (\neg 6, 6) = \frac{1}{6} \cdot \frac{1}{6} + \frac{1}{6} \cdot \frac{5}{6} + \frac{5}{6} \cdot \frac{1}{6} = \frac{1}{36} + \frac{5}{36} + \frac{5}{36} = \frac{11}{36}$

b) Berechne P(E) mit dem Gegenereignis E: keine 6 würfeln. $P(E) = 1 - P(\overline{E}) = 1 - \frac{25}{36} = \frac{11}{36}$

1 Das nebenstehende Glücksrad wird zweimal gedreht.

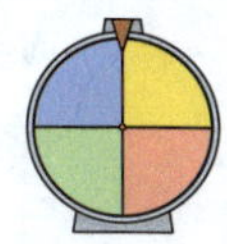

a) Gib die Ergebnisse an, die zum Ereignis E = „Zweimal gleiche Farbe“ gehören. ____________________

b) Berechne $P(\overline{E})$ mit P(E). $P(\overline{E})$ = ____________________

2 Es werden zwei Würfel geworfen.

a) Gib die Ergebnisse an, die zum Ereignis Augensumme 7 gehören. ____________________

b) Formuliere das Gegenereignis $\overline{E}$. ____________________

c) Berechne P(E). ____________________

3 Bei der Produktion von Jeanshosen können Farbfehler (FF) oder Nähfehler (NF) auftreten. Jeanshosen ohne Fehler (KF) gehören zur A-Ware. Als B-Ware werden Hosen mit genau einem Fehler angeboten.

a) Vervollständige das Baumdiagramm.

b) Berechne, wie viele von 400 produzierten Jeanshosen B-Ware sind.

____

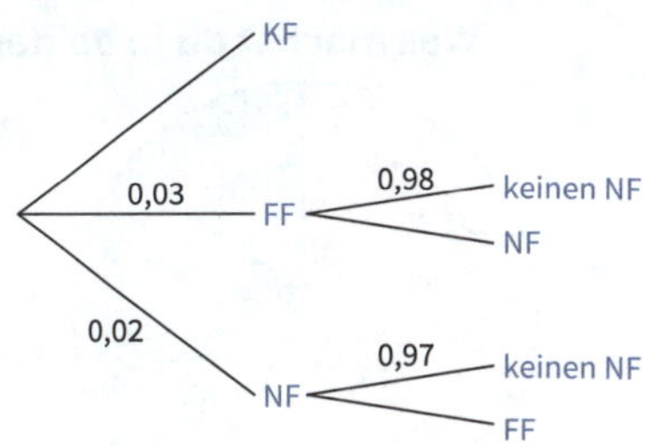

4 Die Klasse 9d besteht aus 28 Schülerinnen und Schülern. Insgesamt sind in der Klasse 12 Jungen. Von allen Schülerinnen und Schülern fahren 18 mit dem Bus zur Schule. 8 Schüler, die mit dem Bus zur Schule fahren, sind männlich.

a) Strukturiere die Daten mithilfe der beiden Baumdiagramme I und II.

b) Berechne, wie groß die Wahrscheinlichkeit ist, von allen Schülerinnen und Schülern zufällig eine Schülerin auszuwählen, die mit dem Bus zur Schule fährt.

I)

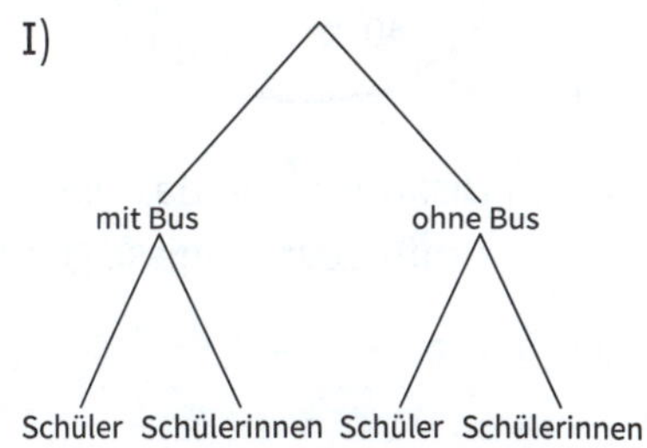

II)

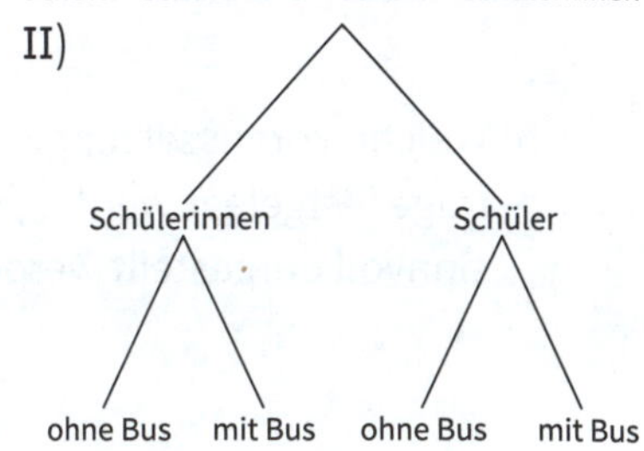

Welches Level erreichst du?

Starte bei Level 1 und löse mindestens zwei Aufgaben des Levels. Gehe anschließend zum nächsten Level weiter und fahre so fort.

Level 1

1 Ein Glücksrad mit drei verschiedenfarbigen Feldern wird zweimal gedreht.

a) Vervollständige das Baumdiagramm.

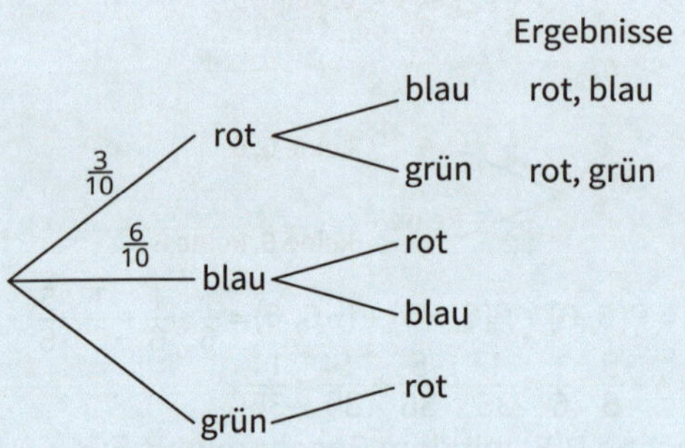

b) Zum Ereignis E gehören alle Ergebnisse mit zwei verschiedenen Farben. Berechne P(E) mit der Wahrscheinlichkeit des Gegenereignisses $\overline{E}$.

$\overline{E}$: ______

$P(\overline{E})$ = ______

P(E) = ______

2 Die Schülerinnen und Schüler eines 9. Jahrgangs wurden gefragt, wie sie ihre Freizeit gestalten. Dabei waren Mehrfachnennungen möglich. Elias hat ein Diagramm zur durchgeführten Umfrage erstellt.

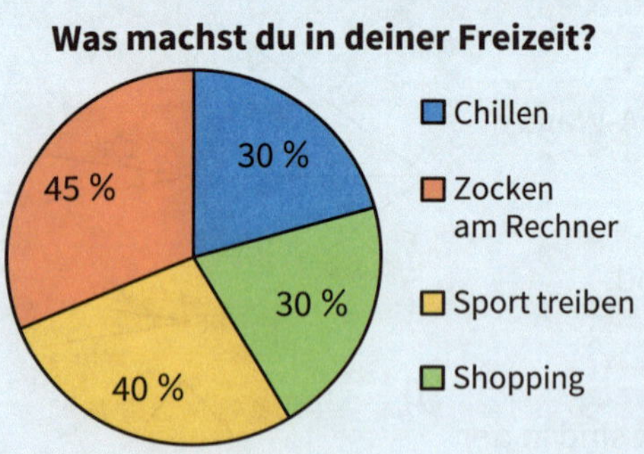

a) Diskutiere, ob das Diagramm zur Darstellung der Umfrageergebnisse geeignet ist.

______

b) Welche Voraussetzungen müssten für die Umfrage festgelegt werden, damit die Ergebnisse sinnvoll dargestellt werden können?

______

Level 2

3 75 000 € hätte der Deutsche Fußball Bund als Siegprämie für die Spieler der deutschen Fußball-Nationalmannschaft im Falle des Gewinns der EM im Jahr 2000 ausgelobt. Für den Gewinn des EM-Titels wären 2021 schon 400 000 € Prämie gezahlt worden. Mario hat eine Infografik zu den Daten erstellt.

Informiert oder beeinflusst seine Infografik? Begründe deine Antwort.

______

4 Gegeben ist eine Rangliste der Daten 1; 4; 5; 6; 8.

a) Welchen Wert hat der Median?

______

b) Verändere in der Rangliste der Daten einen Wert, sodass ein Boxplot achsensymmetrisch zum Median ist. Es gibt zwei Lösungen.

______

c) Kevin behauptet: „In der Rangliste 1; 1; 5; 6; 8 fallen bei einem Boxplot Minimum und unteres Quartil zusammen." Stimmt das? Zeichne den Boxplot.

Level 3

5 Kreuze an, welche der Aussagen ist wahr (w), welche ist falsch (f)? Kreuze an.
Gegeben ist die Altersverteilung von Brasilien.

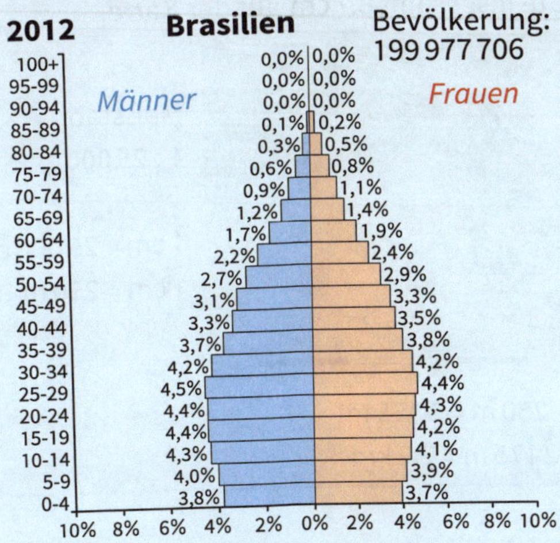

a) Im Jahr 2012 lebten in Brasilien ca. $2 \cdot 10^9$ Menschen. ☐ w ☐ f

b) Bis zur Altersklasse 25-29 nehmen die Anteile der Altersklassen zu, danach nehmen sie ab. ☐ w ☐ f

c) In Brasilien gab es 2012 ca. 8 399 064 junge Frauen im Alter von 15 bis 19 Jahre. ☐ w ☐ f

6 Eine Woche vor der Europawahl im Juni 2024 hat ein Fernsehsender die Ergebnisse einer zufallsbasierten Telefon- und Onlineumfrage zur Zufriedenheit mit der Arbeit der Bundesregierung durchgeführt.

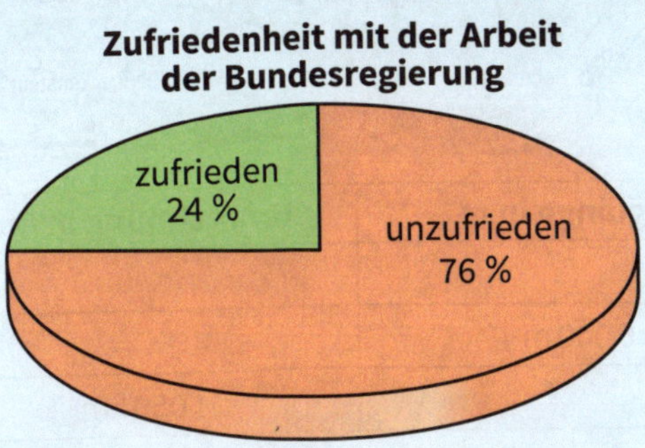

Nach der Sendung gab es empörte Anrufe und E-Mails: Die Grafik stelle die Zufriedenheit verzerrt zu Ungunsten des Bundeskanzlers dar. Was meinst du?

Level 4

7 Ein PCR-Test auf SARS-Cov-2 oder das Vorhandensein von Antikörpern ist nicht einhundertprozentig zuverlässig. Beim Testen können zwei Fehlertypen auftreten. Es können tatsächlich gesunde Menschen ein positives Testergebnis erhalten, also falsch als krank angezeigt werden. Außerdem können infizierte Personen ein negatives Testergebnis erhalten.

Die PCR-Tests des Herstellers Pharmaklar zeigen bei 75 % der Erkrankten ein positives Testergebnis an und bei 95 % der Gesunden ein negatives Testergebnis an.

a) Zeichne ein Baumdiagramm für den Test einer Person, wenn die Infektionsrate der Bevölkerung 8 % beträgt.

b) Bestimme, mit welcher Wahrscheinlichkeit eine mit SARS-Cov-2 infizierte Person nach zweifacher Testung zwei negative Testergebnisse erhält.

c) Bestimme, wie groß die Wahrscheinlichkeit ist, dass bei zwei vorliegenden positiven Tests auch tatsächlich eine mit SARS-Cov-2 infizierte Person die Tests durchgeführt hat.

8 Der Altersverteilung von Deutschland (83 369 843 Einwohner) aus dem Jahr 2022 entsprechend waren 2,4 % junge Männer in der Altersklasse zwischen 15 und 19 Jahren. Berechne die ungefähre Anzahl der 15- bis 19-Jährigen.

Rechnen mit Maßstäben I

Der Maßstab als Zahlenverhältnis

Eine Maßstabsangabe beschreibt, welche Streckenlänge im *Modell* welchem Abstand im zugrundeliegenden *Original* entspricht.
Auf Wander- oder Landkarten gibt man den Maßstab als Verhältnis von Zahlen an.

1 : 25 000 (lies „eins zu 25 000") bedeutet:
1 cm auf der Karte entspricht genau 25 000 cm = 250 m im Gelände.

Die Länge einer Strecke s im Gelände berechnet man, indem man die auf der Karte gemessene Streckenlänge l mit dem Kehrwert des Maßstabs multipliziert.

WEBCODE WES-121591-038

Weglängen berechnen

Die Schülerinnen und Schüler der Klasse 9 c wollen vom Parkplatz zum Aussichtsturm an der Burg wandern.
Vor Beginn der Wanderung messen sie als Länge der geplanten Route insgesamt 8,7 cm auf der Karte.

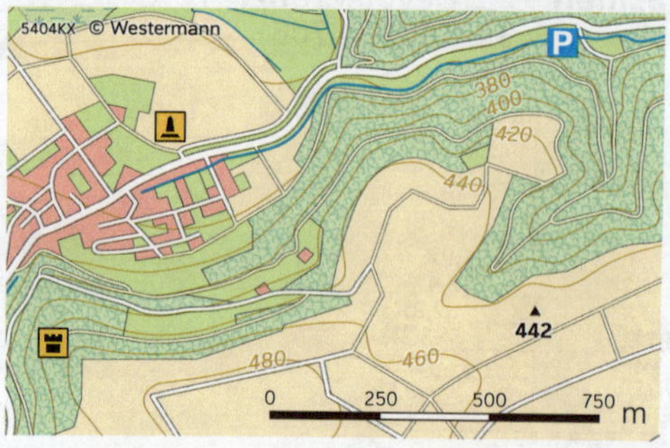

Maßstab:
1 : 25 000

1 cm = 25 000 cm
1 cm = 250 m

Weglänge: $8{,}7 \cdot 250\,\text{m} = 2\,175\,\text{m}$
Umrechnung: $2\,175\,\text{m} \approx 2{,}2\,\text{km}$

1 Tim und Mia laufen vom Jugendwaldheim bei Braunlage nach Ilsenburg. Ihr Weg führt über die Rangerstationen Königskrug, Torfhaus, Scharfenstein und den Brocken.

a) Bestimme, wie viele Kilometer sie mindestens zurücklegen müssen.

____

b) Bestimme, wie weit das Jugendwaldheim und Ilsenburg auseinanderliegen.

____

c) Was versteht man unter „Luftlinie" versteht.

____

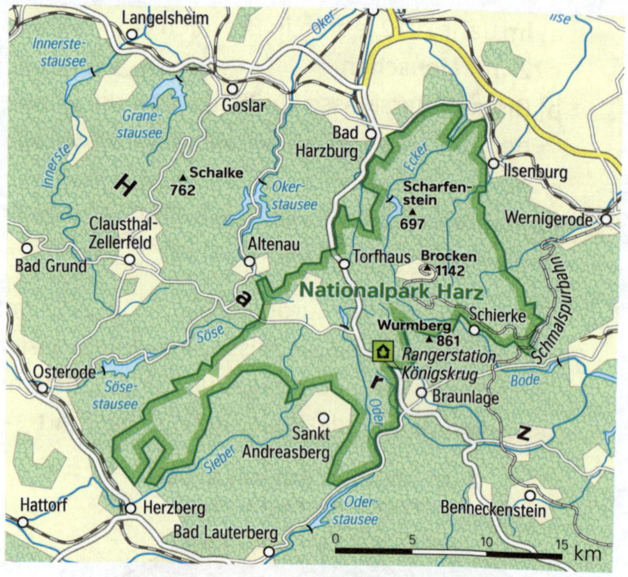

2 Vervollständige die Tabelle

	Maßstab	Strecke in der Karte	Weglänge in m	Umrechnung in km
a)	1 : 1 000	6,5 cm		
b)		12 cm	6 000 m	
c)		21 cm		1 050 km
d)	1 : 25 000			40 km

3 Zwei gleichgroße Karten zeigen eine Burg mit unterschiedlichem Maßstab.

a) Auf welcher Karte siehst du mehr Details der Burg?
Kreuze an. 1 : 500 ☐ 1 : 5 000 ☐

b) Welcher Maßstab ist der größere?
Kreuze an. 1 : 500 ☐ 1 : 5 000 ☐

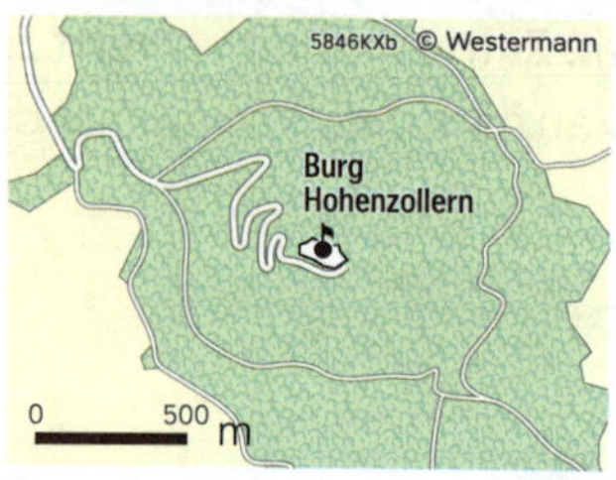

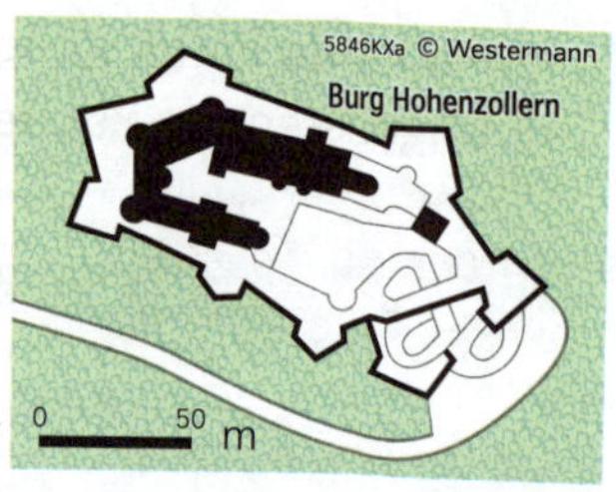

4 Welche Aussage ist wahr (w), welche ist falsch (f)? Kreuze an.

a) 2 cm auf einer Karte mit dem Maßstab 1 : 500 000 entsprechen 1 km im Gelände. w ☐ f ☐
b) Eine Wanderkarte hat einen größeren Maßstab als eine Straßenkarte von Deutschland. w ☐ f ☐
c) Eine Karte mit größerem Maßstab zoomt heraus, ein mit kleinerem zoomt hinein. w ☐ f ☐

Rechnen mit dem Maßstäben II

Verkleinerungen und Vergrößerungen

Bei einer Landkarte ist der Maßstab ein Zahlenverhältnis, das eine *Verkleinerung* beschreibt, beispielsweise 1 : 35 000.
Viele Modelle bilden oftmals Lebewesen oder Dinge ab, die in Wirklichkeit viel kleiner als das Modell sind. Beim Maßstab 10 : 1 handelt es sich beispielsweise um eine 10fache *Vergrößerung*.
Bei der Angabe des Maßstabs beschreibt die vornestehende Zahl die Länge im Modell, die dahinterstehende Zahl die Länge im Original.

Modell : Original

WEBCODE WES-121591-039

Originallängen berechnen

Bestimme die Länge der Pfänderbahn im Original.

a) Wanderkarte
Maßstab 1 : 85 000 bedeutet
1 cm ≙ 850 m
s = 2,4 cm
Originallänge: 2,4 · 850 m = 2 040 m

b) Ameise
Maßstab 2 : 1
bedeutet 2 cm ≙ 1 cm
Fühlerlänge s = 0,9 cm
Originallänge: 0,9 cm : 2 = 0,45 cm

1 Die Karte zeigt einen Ausschnitt von NRW.

a) Miss auf der Karte die Strecke s zwischen Hamm und Paderborn mit einer Nachkommastelle.

s = ________ cm

b) Berechne die Entfernung in km zwischen Hamm und Paderborn.

____

2 Das Bild zeigt eine vergrößerte Honigbiene im Maßstab 2,5 : 1.

a) Miss auf dem Bild die Länge a des Hinterleibs mit einer Nachkommastelle. a = ________ cm

b) Berechne die tatsächliche Länge des Hinterleibs. Runde auf eine Nachkommastelle.

____

3 Berechne die Längen.

a) Auf einer Karte mit dem Maßstab 1 : 10 Mio. misst die Entfernung zwischen Hamburg und München 6,2 cm. Bestimme die Länge der Luftlinie zwischen Hamburg und München in Wirklichkeit:

____

b) Auf einem Poster mit dem Maßstab 10 : 3 ist eine Strecke 15 cm lang. Tatsächliche Länge der Strecke:

____

4 Welche Aussage ist wahr (w), welche ist falsch (f)? Kreuze an.

a) Die Länge der Luftlinie zwischen zwei Orten gibt immer die Entfernung auf der Straße an. w ☐ f ☐
b) Ein Foto mit dem Maßstab 40 : 1 zeigt einen auf das 40-fache vergrößerten Gegenstand. w ☐ f ☐
c) Die beiden Maßstäbe 7 : 3 und $\frac{7}{3}$: 1 sind gleich. w ☐ f ☐
d) Auf einem Foto mit dem Maßstab 8 : 5 entsprechen 5 cm im Original 8 cm auf dem Foto. w ☐ f ☐

Vergrößern und Verkleinern

Der Streckfaktor k als Maß für die Vergrößerung

Wenn man eine Figur maßstabsgetreu vergrößert oder verkleinert, werden alle Längen der Figur mit dem gleichen Faktor k multipliziert. Die Größe einander *entsprechender Winkel* bleibt gleich.

Vergrößerungen und Verkleinerungen
a) Bei einer *Vergrößerung* werden alle Längen mit dem Faktor $k > 1$ multipliziert.
b) Bei einer *Verkleinerung* multipliziert man alle Längen mit $0 < k < 1$.

▶ WEBCODE WES-121591-040

Figuren vergrößern und verkleinern

Vergrößern mit $k = 2$:

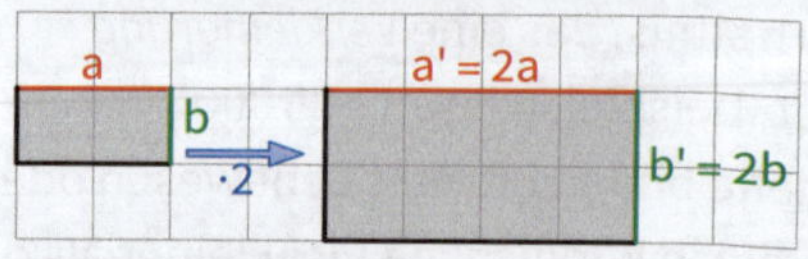

Verkleinern mit $k = \frac{1}{3}$:

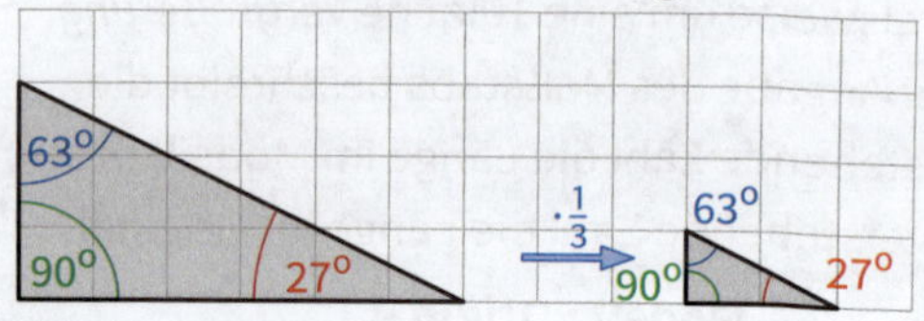

1 Vergrößere die Figur mit dem angegebenen Faktor k.

a)

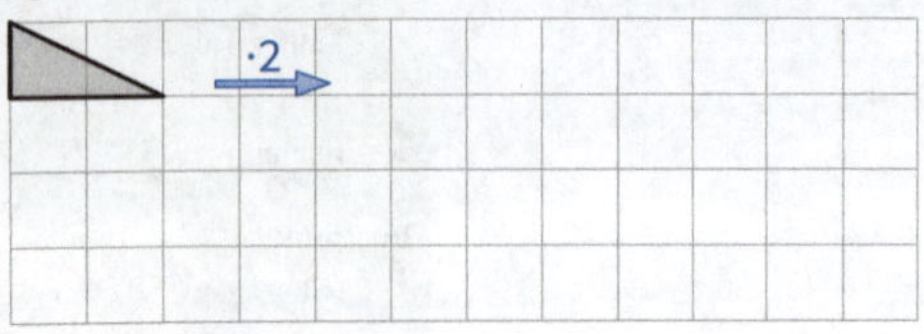

b)

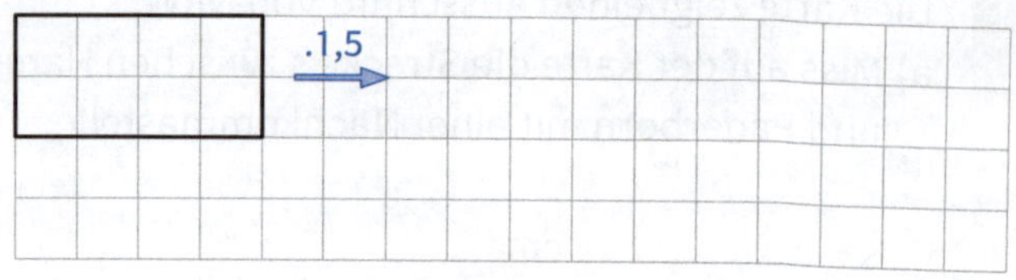

2 Verkleinere die Figur mit dem angegebenen Faktor k.

a)

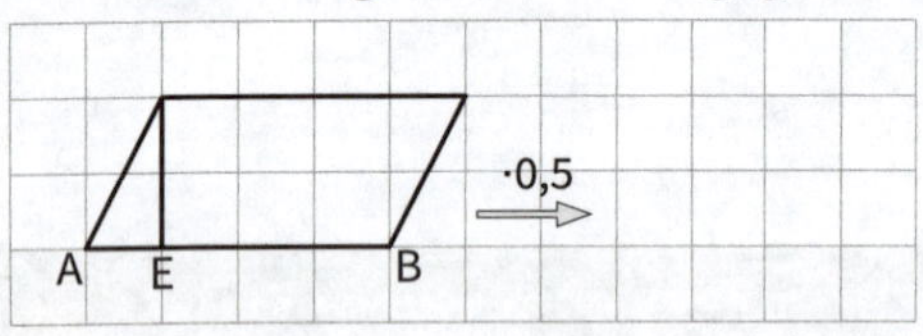

b)

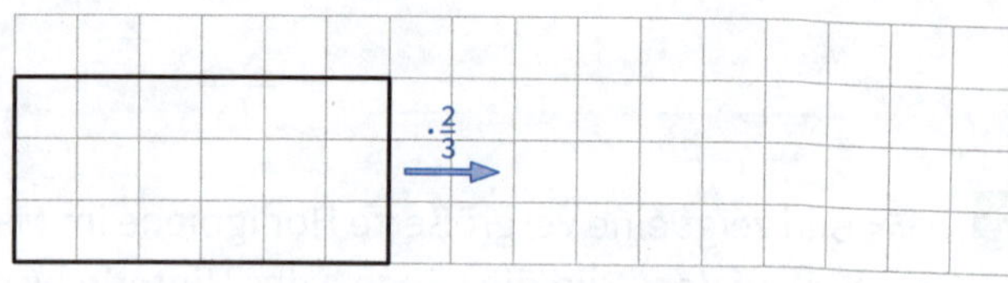

3 Wurde hier richtig gezeichnet? Korrigiere, falls nötig.

a)

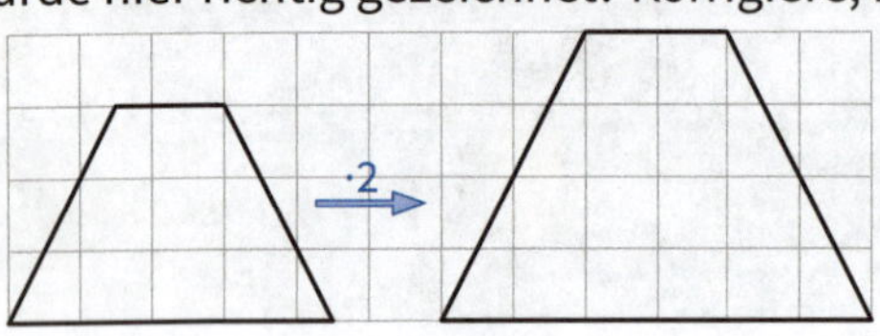

b)

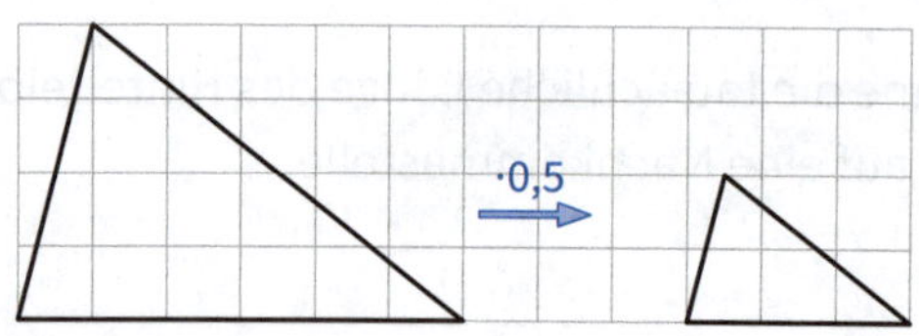

4 Gegeben ist ein Rechteck ABCD mit den Seitenlängen $a = \overline{AB}$ und $b = \overline{BC}$. Vervollständige.

a) Vergrößert man das Rechteck mit $k = 2$, verdoppelt sich der Umfang u auf $u' = 2u$.

$u' = 2a' + 2b' = 2 \cdot (2a) +$ ________ $= 2 \cdot (2a +$ ________ $) =$ ________

b) Verkleinert man das Rechteck mit $k = \frac{1}{2}$, ____________________ sich der Umfang u auf $u' =$ ________.

c) Vergrößert man das Rechteck mit $k = 2$, vervierfacht sich die Fläche A auf $A' = 4A$.

$A' = a' \cdot b' = 2a \cdot$ ________ $=$ ________ $\cdot a \cdot b =$ ________ $\cdot$ ________

d) Verkleinert man das Rechteck mit $k = \frac{1}{2}$, ____________________ sich die Fläche A auf $A' =$ ________.

e) Vergrößert man das Rechteck mit $k = 3$; ____________________ sich die Fläche A auf $A' =$ ________.

Ähnliche Figuren

Eigenschaften ähnlicher Figuren

Figuren, die maßstabsgetreu vergrößert oder verkleinert wurden, bezeichnet man auch als ähnlich.

Sie haben folgende Eigenschaften:

① Einander entsprechende Winkel sind gleich groß:
$\alpha = \alpha', \beta = \beta', \gamma = \gamma', \delta = \delta'$

② Das Verhältnis einander entsprechender Seiten ist gleich:
$\frac{a}{a'} = \frac{b}{b'} = \frac{c}{c'} = \frac{d}{d'} = k$

WEBCODE WES-121591-041

Ähnlichkeit von Figuren überprüfen

Überprüfe, ob die beiden Trapeze ähnlich sind.

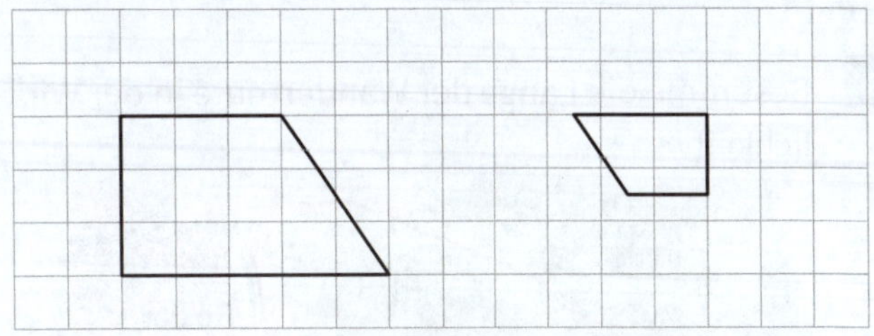

① Einander entsprechende Winkel sind gleich groß.
$\alpha = \alpha' = 90°, \beta = \beta' = 57°, \gamma = \gamma' = 123°, \delta = \delta' = 90°$

② Alle Verhältnisse einander entsprechender Seiten sind gleich.
$\frac{a}{a'} = \frac{5}{2{,}5} = 2$; $\frac{b}{b'} = \frac{3{,}6}{1{,}8} = 2$; $\frac{c}{c'} = \frac{3}{1{,}5} = 2$; $\frac{d}{d'} = \frac{3}{1{,}5} = 2$

1 Überprüfe, ob die Figuren ähnlich sind.

① ______________________

② ______________________

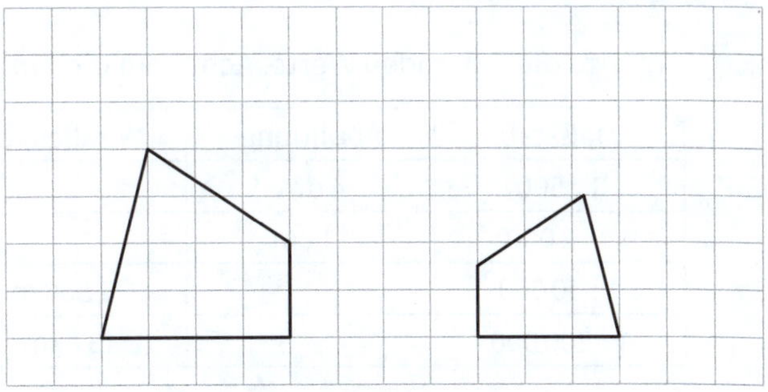

2 Überprüfe, ob die beiden Dreiecke ähnlich sind.

① α = ______; $\beta = 180° - 90° - 37°$ = ______; γ = ______

α' = ______; β' = ______; γ' = ______

② $\frac{4}{3}$ ______________________

Die beiden Dreiecke sind ______________________

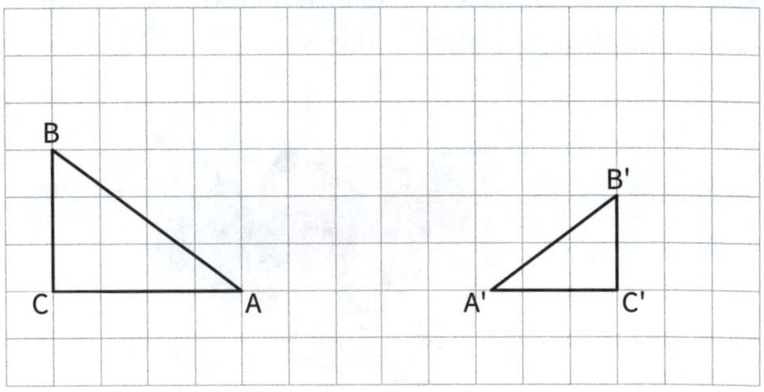

3 Das Rechteck ABCD hat die Maße a = 3 cm und b = 4 cm und den Flächeninhalt $A = 12\,cm^2$.

a) Gib die Maße eines zu ABCD ähnlichen Rechtecks A'B'C'D' an, dass den Flächeninhalt $A_2 = 4A$ hat.

a' = ______; b' = ______

b) Gib die Maße eines Rechtecks A'B'C'D' an, dass den Flächeninhalt A' = 6A hat.

a' = ______; b' = ______

4 Welche Aussage ist wahr (w), welche ist falsch (f)? Kreuze an.

a) Quadrate, gleichseitige Dreiecke, Rauten und Kreise sind untereinander immer ähnlich. w ☐ f ☐

b) Zwei Rechtecke sind immer ähnlich. w ☐ f ☐

c) Zwei Dreiecke sind schon ähnlich, wenn zwei entsprechende Winkel gleich groß sind. w ☐ f ☐

d) Zwei Vierecke mit jeweils 4 rechten Winkeln sind immer ähnlich. w ☐ f ☐

Welches Level erreichst du?

Starte bei Level 1 und löse mindestens zwei Aufgaben des Levels. Gehe anschließend zum nächsten Level weiter und fahre so fort.

Level 1

1 Bestimme die Länge der Wanderroute in der Wirklichkeit.

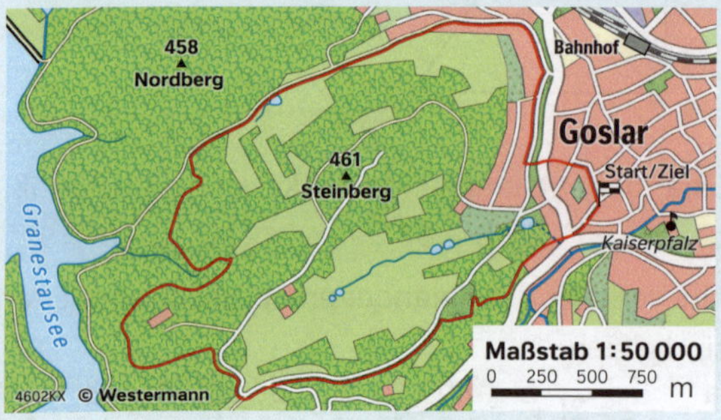

2 Ergänze die fehlenden Werte. Achte auf die Einheit.

Maßstab	Abbildung	Wirklichkeit
1 : 500	4 dm	
1 : 2 000	11 cm	
1 : 50 000		2 500 m
1 : 300 000		57 km

3 Auf dem Bild siehst du einen Marienkäfer, der im Maßstab 3 : 1 abgebildet ist.

Bestimme die Originallänge des Marienkäfers und die Breite seines Kopfes in der Wirklichkeit.

4 Vergrößere die Figur mit dem Faktor k = 2.

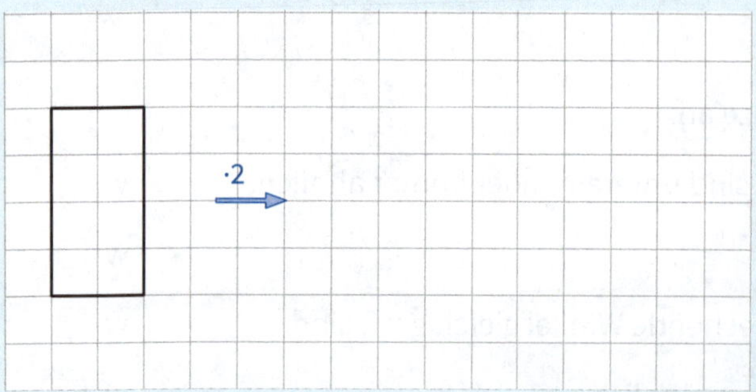

Level 2

5 Die Flugstrecke zwischen Abflugsort und Zielort beträgt 3 750 km.
Bestimme jeweils die Streckenlänge zwischen den beiden Orten auf einer Karte im Maßstab

a) 1 : 1 000 000

b) 1 : 3 000 000

c) 1 : 250 000

6 Zeichne das gleichseitige Dreieck ABC mit der Seitenlänge 1,5 cm.

a) Vergrößere es mit dem Faktor k = 2.

b) Vergleiche Umfang des ursprünglichen Dreiecks mit dem des vergrößerten Dreiecks.
Was stellst du fest?

7 Das Rechteck mit den Seiten a = 3 cm und b = 2 cm wird mit dem Faktor k = 0,4 verkleinert.
Zeichne die beiden Rechtecke.

Level 3

8 Welche Aussage ist wahr (w), welche ist falsch (f)? Kreuze an.

a) Zwei Figuren sind ähnlich, wenn sie die gleiche Winkelsumme haben. ☐ w ☐ f

b) Zwei Dreiecke, bei denen eine Seite und ein Winkel gleich sind, sind ähnlich. ☐ w ☐ f

c) Zwei Vierecke mit jeweils gleichen Winkeln sind ähnlich. ☐ w ☐ f

d) Zwei Vierecke mit jeweils gleichen Winkeln und einer gleichen Seite sind ähnlich. ☐ w ☐ f

9 Auf einer Karte im Maßstab 1 : 300 000 sind zwei Orte 26 cm voneinander entfernt.
Berechne die Distanz zwischen den beiden Orten in der Wirklichkeit.

10 Zwei Dreiecke sind durch ihre Eckpunkte gegeben.
Dreieck ABC: A (2|1); B (4|3); C (1|4)
Dreieck DEF: D (11|8); E (6|6); F (10|2)

a) Zeichne die beiden Dreiecke in das Koordinatensystem ein.

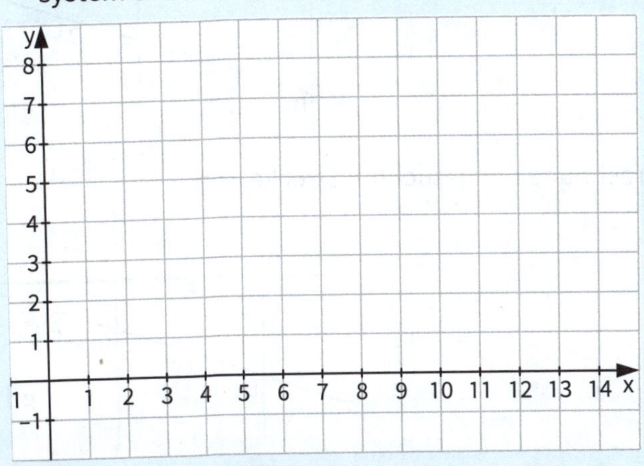

b) Untersuche, ob die beiden Dreiecke zueinander ähnlich sind.

Level 4

11 Zeige oder widerlege folgende Aussage:
„Wenn ein Dreieck mit dem Faktor k = 2 vergrößert wird, verdoppelt sich auch sein Flächeninhalt."

12 Für ein Museum soll das Modell einer Ameise mit den Maßen eines Elefanten gebaut werden. Die Ameise hat eine Länge von 1,6 cm und eine Körperhöhe von 4,7 mm. Der Elefant hat eine Körperhöhe von 5,2 m.

a) Berechne die Länge des maßstabsgerechten Ameisenmodells.

b) Gib den Maßstab an, mit dem das Modell erstellt wird.

13 ✪ Begründe oder widerlege folgende Aussage mithilfe einer Rechnung oder Skizze.
Wird ein Rechteck verkleinert, sodass das verkleinerte Rechteck nur noch ein Viertel des ursprünglichen Flächeninhalts hat, dann beträgt auch der Umfang des verkleinerten Rechtecks nur ein Viertel des ursprünglichen Rechtecks.

Verhältnisse von Abschnitten an Strahlen

Erster Strahlensatz

Werden zwei Strahlen mit gemeinsamen Anfangspunkt Z von zwei parallelen Geraden g und h geschnitten, dann sind auf den Strahlen einander entsprechende Streckenverhältnisse gleich.

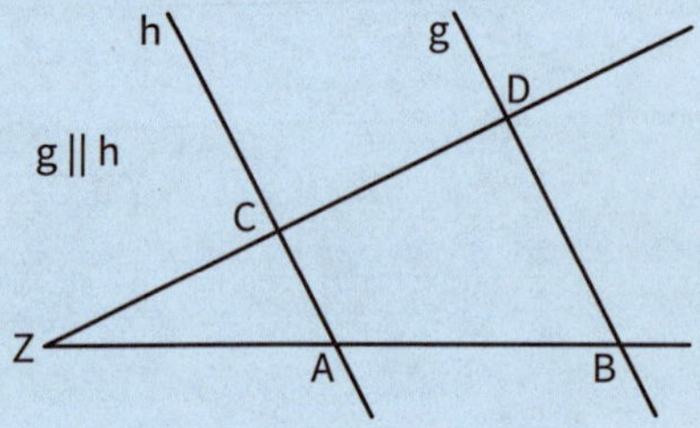

Es gilt:

$\frac{\overline{ZA}}{\overline{ZB}} = \frac{\overline{ZC}}{\overline{ZD}}$; $\frac{\overline{AB}}{\overline{ZA}} = \frac{\overline{CD}}{\overline{ZC}}$; $\frac{\overline{AB}}{\overline{ZB}} = \frac{\overline{CD}}{\overline{ZD}}$

WEBCODE WES-121591-044

Anwendung des 1. Strahlensatzes

Berechne x.

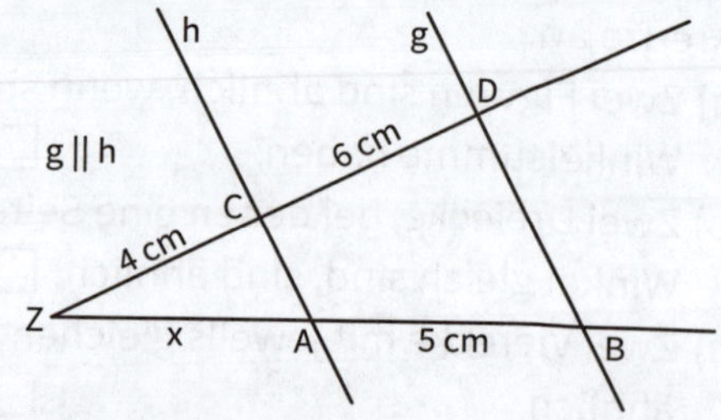

Ansatz: $\frac{\overline{AB}}{\overline{ZA}} = \frac{\overline{CD}}{\overline{ZC}}$

Einsetzen: $\frac{5\text{ cm}}{x} = \frac{6\text{ cm}}{4\text{ cm}}$

Rechnung: $x = \frac{4\text{ cm} \cdot 5\text{ cm}}{6\text{ cm}} = \frac{10}{3}\text{ cm} = 3\frac{1}{3}\text{ cm}$

1 Berechne die Länge der gesuchten Strecke x mit dem ersten Strahlensatz. Die Geraden g und h sind parallel.

a) 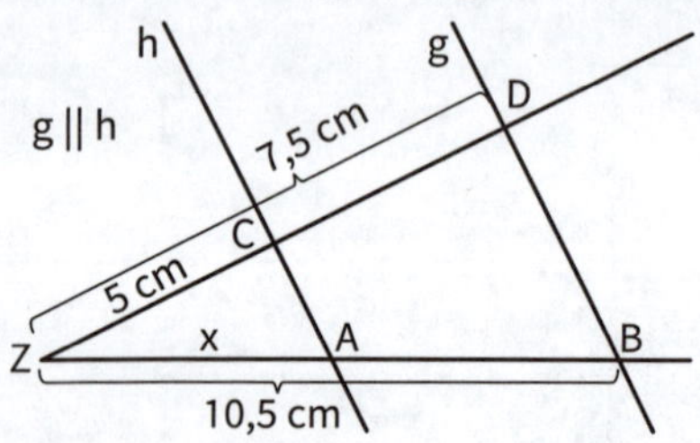

b) 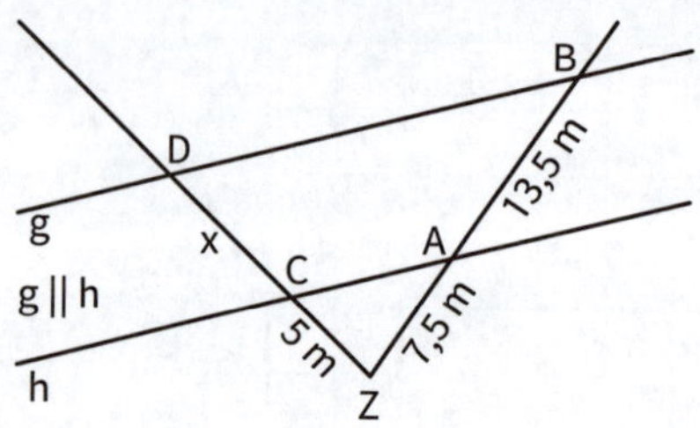

c) 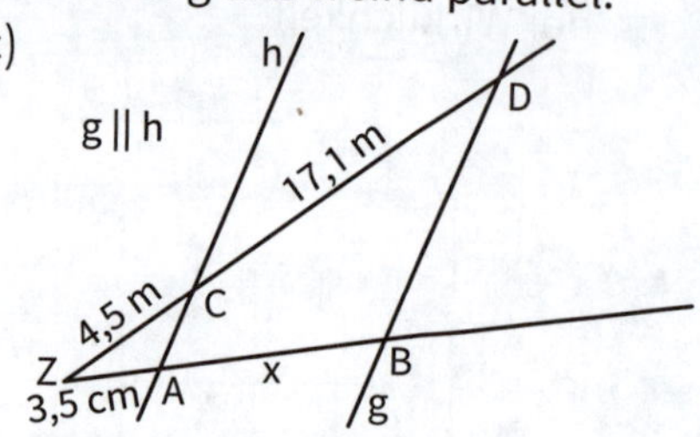

Ansatz:

Einsetzen:

Rechnung:

Ansatz:

2 Berechne die Länge der gesuchten Strecke x.

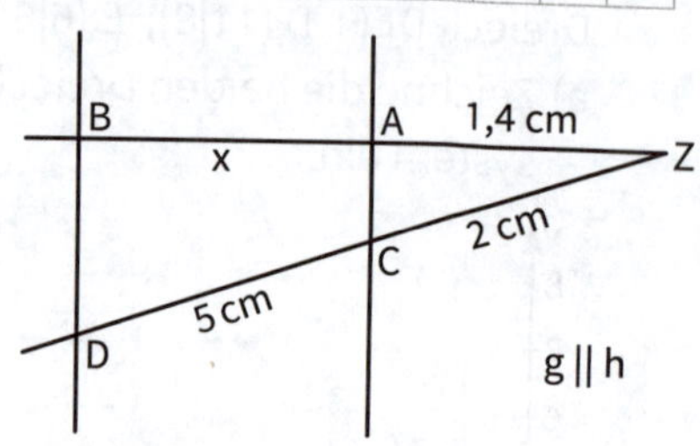

3 Felix und Mareike schlagen folgende Ansätze für die Berechnung der gesuchten Strecke x vor. Finde korrekte Lösungsansätze und beende die Rechnung.

Felix: $\frac{x}{8\text{ cm}} = \frac{1{,}4\text{ cm}}{2\text{ cm}}$

Mareike: $\frac{x + 1{,}4\text{ cm}}{1{,}4\text{ cm}} = \frac{8\text{ cm} + 2\text{ cm}}{2\text{ cm}}$

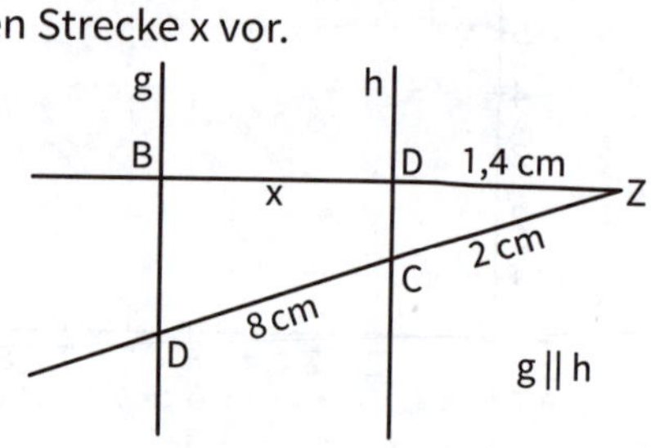

4 Zwei Geraden schneiden sich in Z. Sie werden von den parallelen Geraden g und h geschnitten.
Berechne die Länge der gesuchten Strecke x.

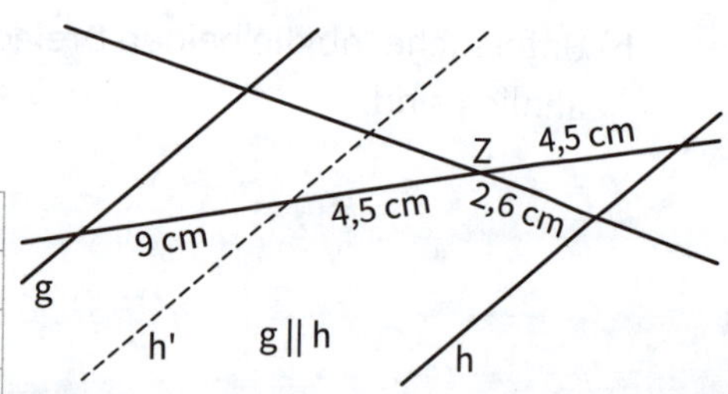

Verhältnisse an Strahlendreiecken

Zweiter Strahlensatz

Wenn die Geraden g und h parallel sind, dann sind in den beiden Dreiecken ZAC und ZBD einander entsprechende Seitenverhältnisse gleich.

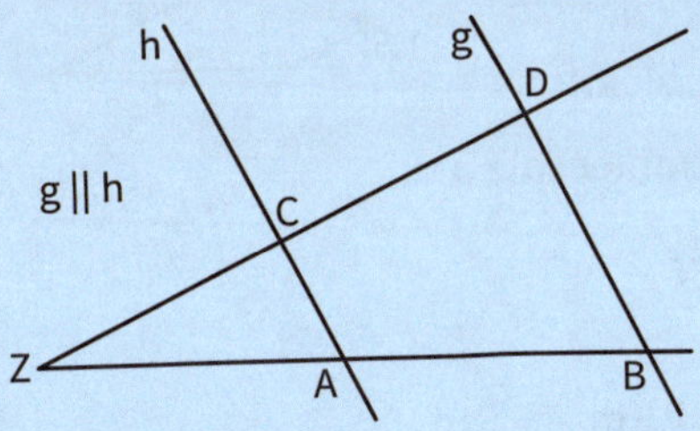

Es gilt:

$$\frac{\overline{AC}}{\overline{BD}} = \frac{\overline{ZA}}{\overline{ZB}} = \frac{\overline{ZC}}{\overline{ZD}}$$

WEBCODE WES-121591-045

Anwendung des 2. Strahlensatzes

Berechne die Länge der gesuchten Strecke x.

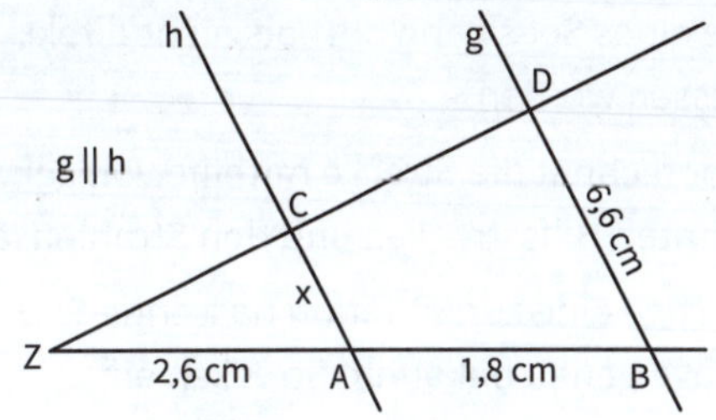

Ansatz: $\frac{\overline{AC}}{\overline{BD}} = \frac{\overline{ZA}}{\overline{ZB}}$

Einsetzen: $\frac{x}{6{,}6\text{ cm}} = \frac{2{,}6\text{ cm}}{2{,}6\text{ cm} + 1{,}8\text{ cm}} = \frac{2{,}6\text{ cm}}{4{,}4\text{ cm}}$

Rechnung: $x = \frac{2{,}6\text{ cm}}{4{,}4\text{ cm}} \cdot 6{,}6\text{ cm} = 3{,}9\text{ cm}$

1 Berechne die Länge der gesuchten Strecke x mit dem zweiten Strahlensatz. Die Geraden g und h sind parallel.

a)

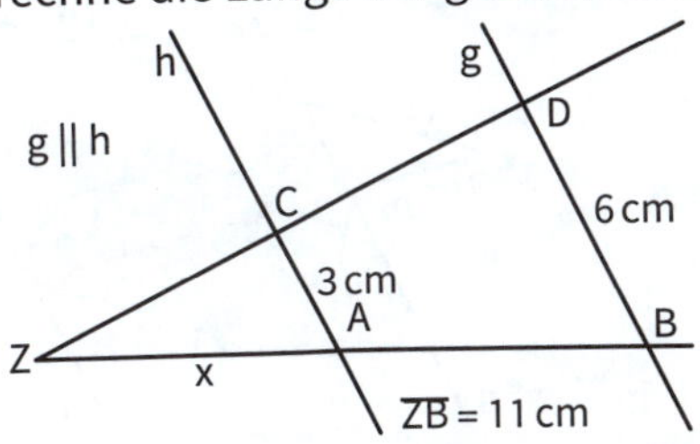

b)

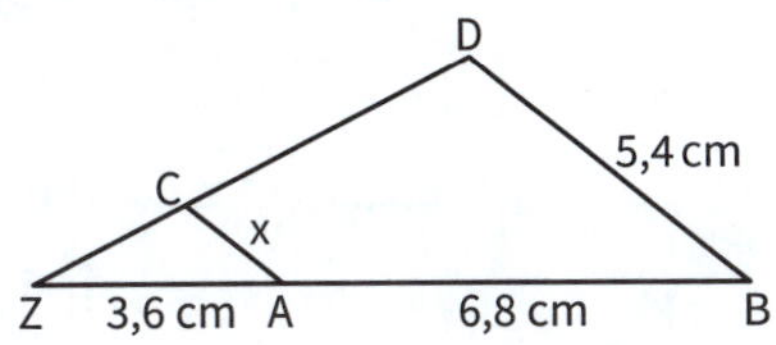

c)

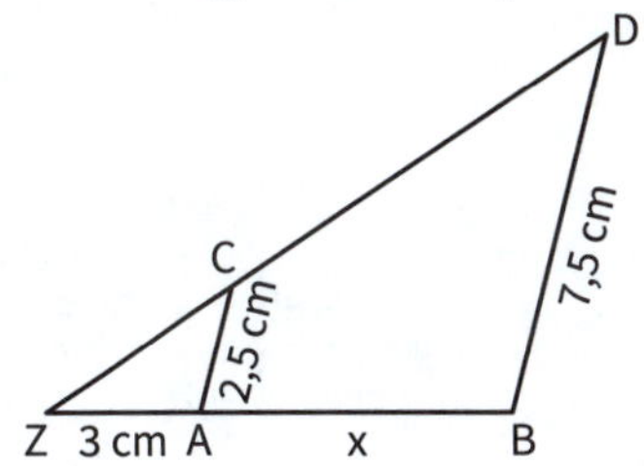

2 Berechne die Länge der gesuchten Strecke x.

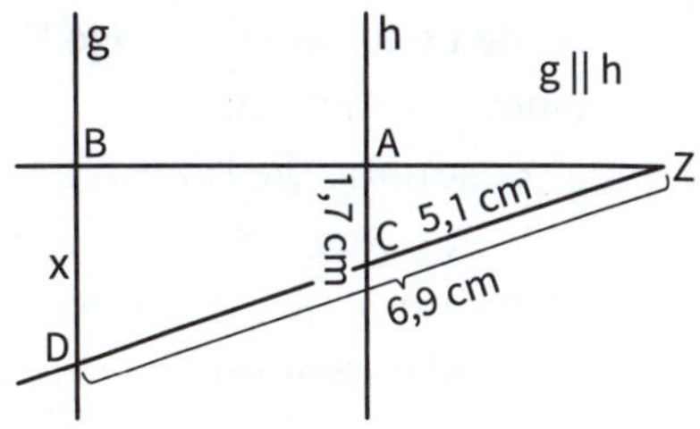

3 Imran und Jasmine schlagen folgende Lösungswege zur Berechnung der gesuchten Strecke x vor. Überprüfe, ob ihre Lösungsansätze richtig sind und führe ihre Rechnungen zu Ende.

a) Imran: $\frac{x}{1{,}6\text{ m}} = \frac{0{,}5}{2\text{ m}}$

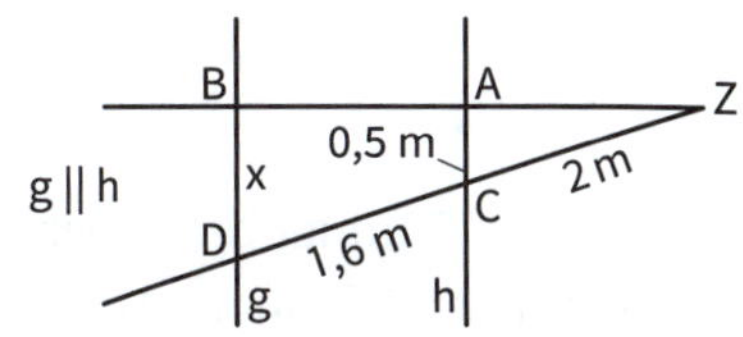

b) Jasmine: $\frac{x}{1{,}2\text{ m}} = \frac{8{,}4\text{ m} + x}{6\text{ m}}$

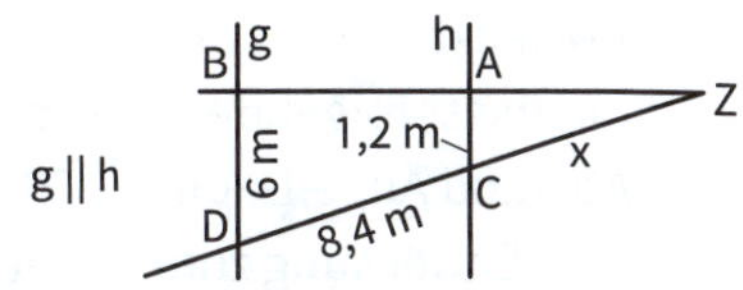

4 Ein Handwerker soll in 2,5 m Höhe an der Fassade eines Supermarkts eine Außensteckdose anbringen. Er stellt eine 6,80 m lange Leiter an der Wand an. Am Boden ist die Leiter 5,50 m von der Wand entfernt. Damit die Steckdose an der Wand montiert werden kann, darf die Leiter in der geforderten Höhe höchstens 0,5 m von der Wand entfernt sein.

a) Fertige eine Skizze an.

b) Beurteile mithilfe einer Rechnung, ob die Montage der Steckdose gelingen kann.

Anwendung der Strahlensätze

Eine große Strecke berechnen

Eine sehr große Strecke, wie beispielsweise die Breite eines Sees kann oftmals nicht direkt gemessen werden.

Man berechnet die Strecke mithilfe von genau bekannten Hilfsstrecken und den Strahlensätzen:

① Fertige eine zur Situation passende Skizze an.
② Trage genau bekannte Strecken ein.
③ Formuliere einen Ansatz mit einem zur Situation passenden Strahlensatz.
④ Berechne die gesuchte Strecke.

▶ WEBCODE WES-121591-046

Die Höhe eines Baumes berechnen

Berechne die Baumhöhe mithilfe des Schattens, der durch parallele Sonnenstrahlen entsteht.

①
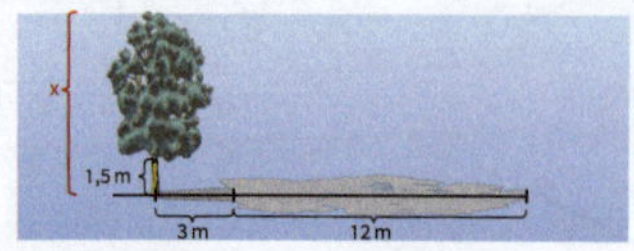

②
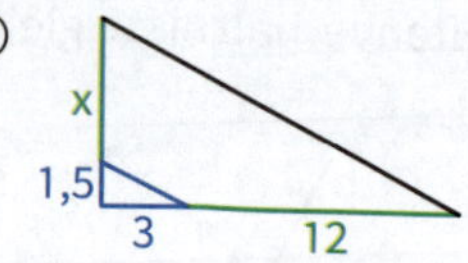

③ Wende den ersten Strahlensatz an:

$$\frac{\overline{AB}}{\overline{ZA}} = \frac{\overline{CD}}{\overline{ZC}}$$

④ Rechnung:

$$\frac{12\,m}{3\,m} = \frac{x}{1{,}5\,m} \qquad x = 1{,}5\,m \cdot 4 = 6\,m$$

Der Baum ist insgesamt 6 m + 1,5 m = 7,50 m hoch.

1 Berechne die Breite des Sees mithilfe der vorgegebenen Skizze.

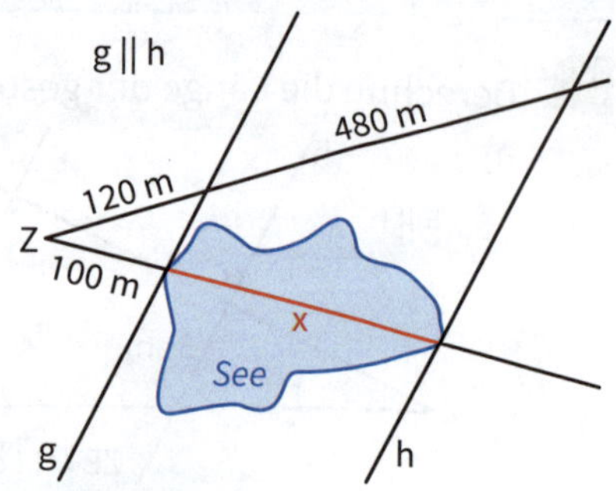

2 Malte peilt über die lange Seite eines *Försterdreiecks* die Spitze eines Baumes an.

a) Bestimme die Höhe h des Baumes, wenn d = 25 m und Maltes Augenhöhe 1,80 m beträgt.

b) Erläutere, wie das Försterdreieck angewendet wird und überlege, ob noch weitere Messinstrumente benötigt werden.

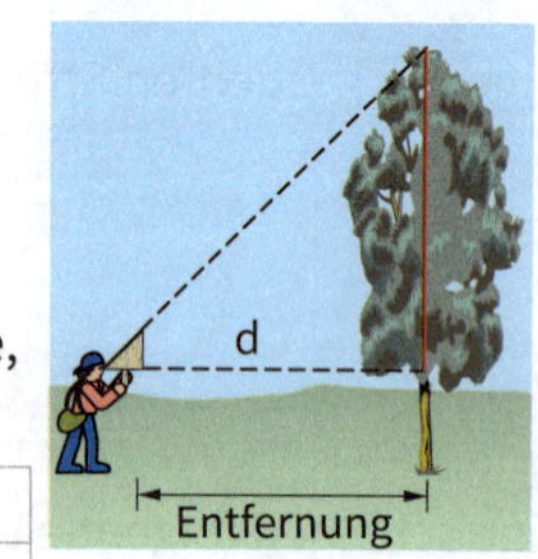

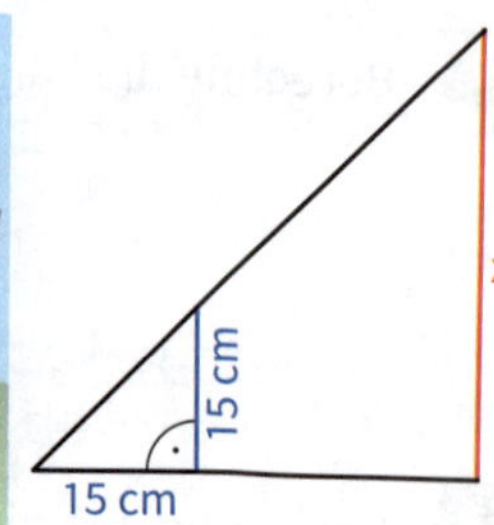

3 Mit der Daumenbreite wird die Breite eines Gebäudes geschätzt, wenn der Daumen das Gebäude genau verdeckt.

Ina misst folgende Strecken: Daumenbreite: 2 cm;
Abstand Auge-Daumen: 50 cm;
Inas Entfernung zum Gebäude: 500 m.

a) Fertige eine Skizze an.

b) Berechne die Breite des Gebäudes.

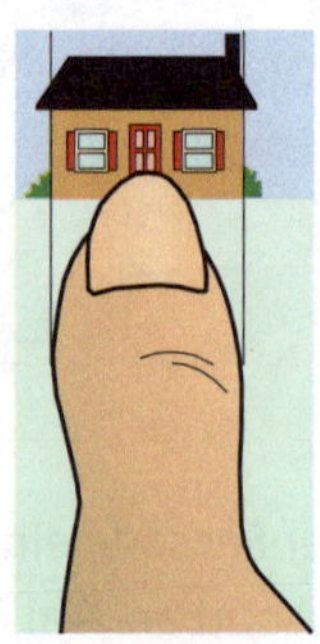

4 Kuno und Manfred wollen zum Gipfel der 2 649 m hohen Hochfrottspitze aufsteigen. Als sie den Punkt Z am Fuß des Berges erreichen, wollen sie ermitteln, wie weit sie noch vom Ziel entfernt sind. Manfred peilt dazu den Gipfel des Berges über einen Zollstock an. Einer Karte können Sie entnehmen, dass die Entfernung in der Luftlinie 2 800 m beträgt. Fertige eine Skizze an und berechne, welche Strecke die beiden noch zurücklegen müssen.

Zentrische Streckung

Streckung oder Stauchung mit dem Faktor k

Werden alle Strecken einer Figur von einem Streckzentrum Z aus um den Faktor k maßstäblich vergrößert (k > 1) oder verkleinert (0 < k < 1), spricht man von einer zentrischen Streckung.

Eine Figur wird mit dem Faktor k wie folgt gestreckt:

① Man zeichnet Strahlen vom Streckzentrum Z durch die Eckpunkte A, B, C, … .

② Man verlängert die Strecken $\overline{ZA}$, $\overline{ZB}$, $\overline{ZC}$, … jeweils um das k-fache.

③ Man zeichnet die Strecken $\overline{A'B'}$, $\overline{A'C'}$, $\overline{B'C'}$, … .

In beiden Figuren sind die Winkel gleichgroß und die Verhältnisse einander entsprechender Seiten sind gleich.

WEBCODE WES-121591-047

Strecken eines Dreiecks

Strecke das Dreieck ABC von Z aus um den Faktor k = 1,5.

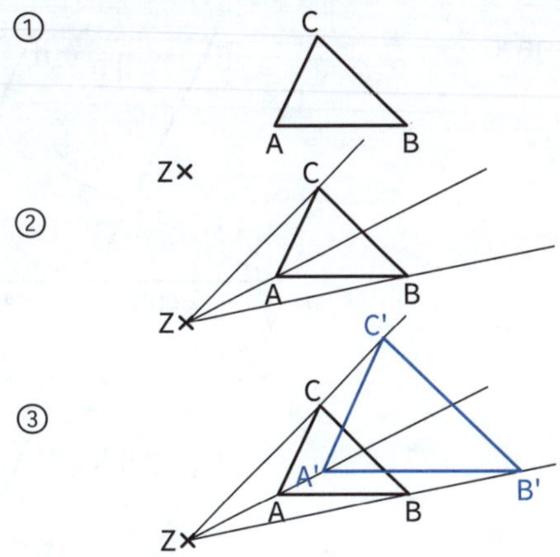

1 Strecke das Rechteck ABCD vom Streckzentrum Z aus mit dem Faktor k = 2.

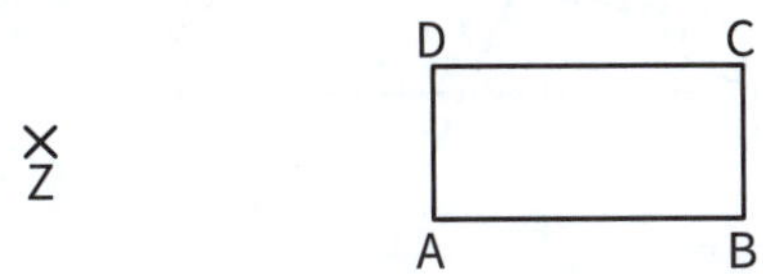

2 Strecke das Parallelogramm ABCD vom Streckzentrum Z aus mit dem Faktor k = 0,5.

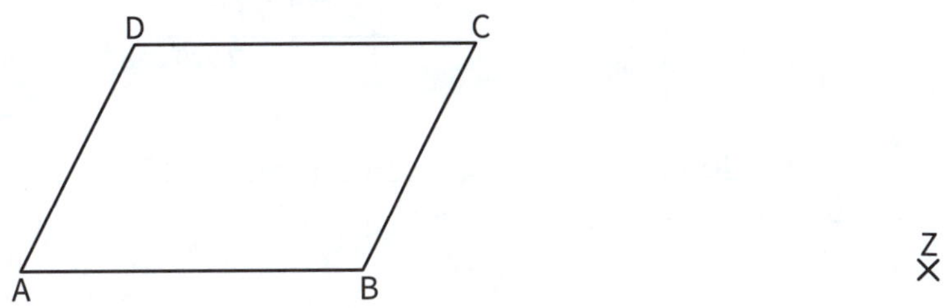

3 Bei zentrischen Streckungen sind auch Faktoren k < 0 möglich.

a) Bestimme den Streckfaktor k. k = ____

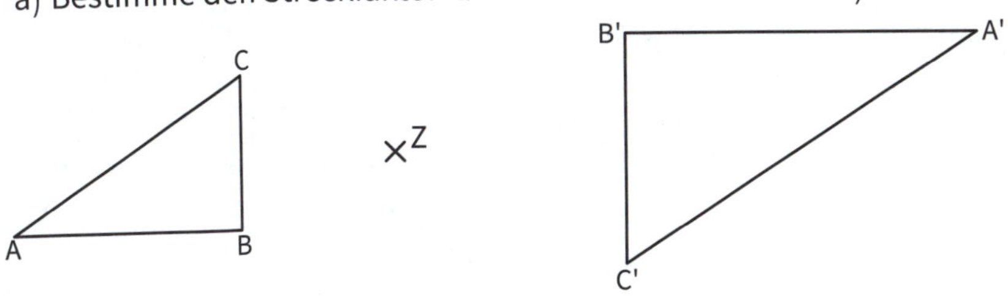

b) Strecke das Dreieck ABC von Z aus mit k = –0,5.

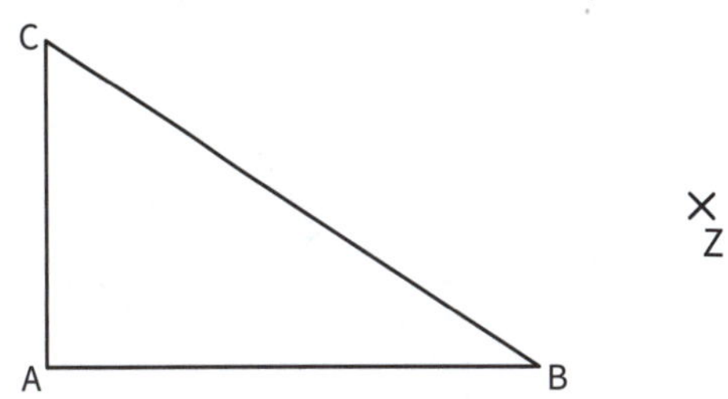

4 Das Viereck ABCD wurde mit k > 0 zentrisch gestreckt. Zeige mit einem geeigneten Strahlensatz, dass $\overline{B'C'} = k \cdot \overline{BC}$ und $\overline{A'D'} = k \cdot \overline{AD}$ gilt.

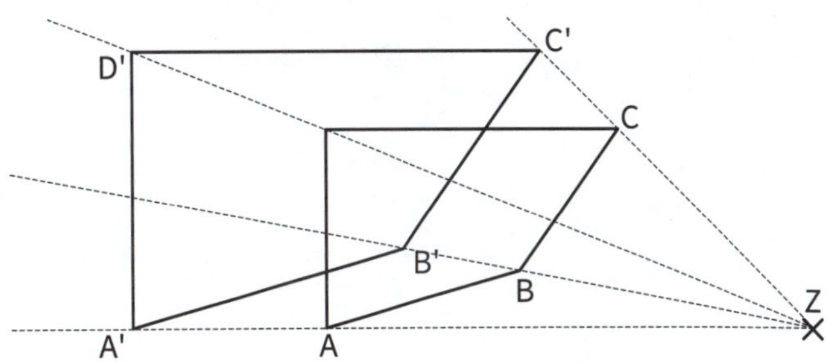

Welches Level erreichst du?

Starte bei Level 1 und löse mindestens zwei Aufgaben des Levels. Gehe anschließend zum nächsten Level weiter und fahre so fort.

Level 1

1 Berechne x.

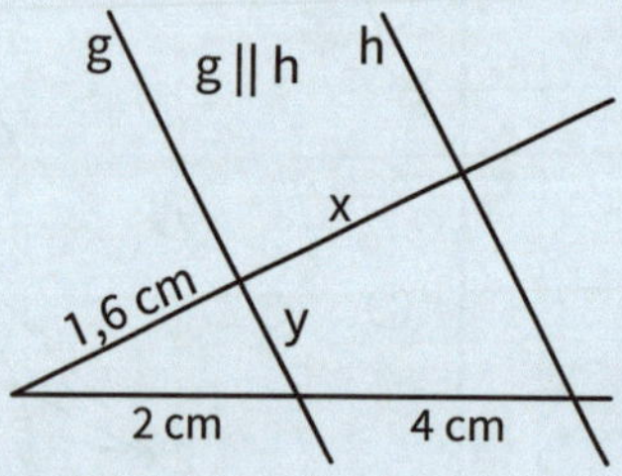

2 Berechne y.

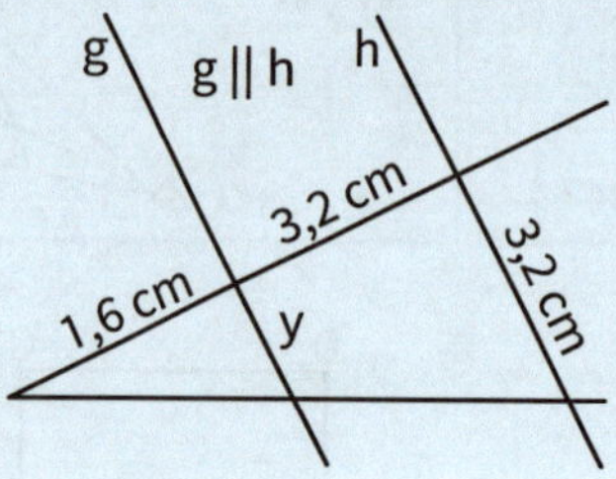

3 Bestimme die Höhe h des Bergs. Runde sinnvoll

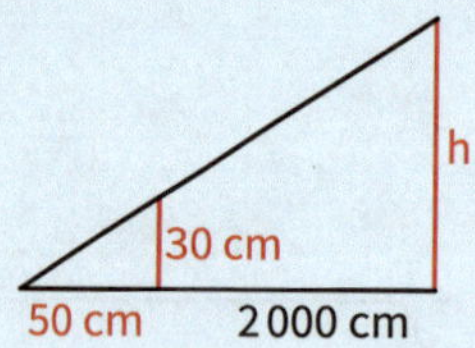

4 Strecke die dargestellte Figur von Z ausgehend um den Streckfaktor k = 2.

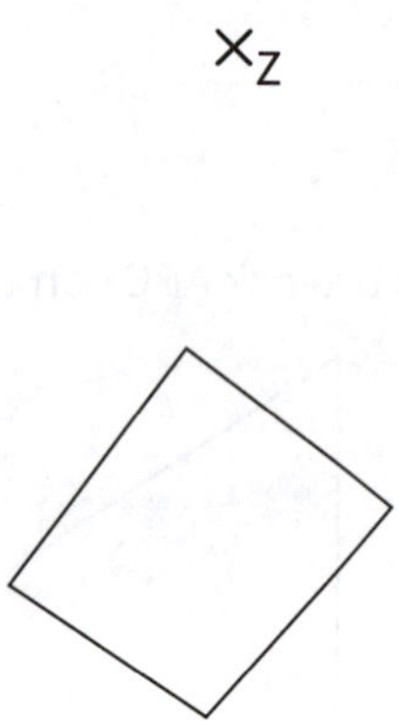

Level 2

5 Begründe, warum die Figur keine Strahlensatzfigur ist.

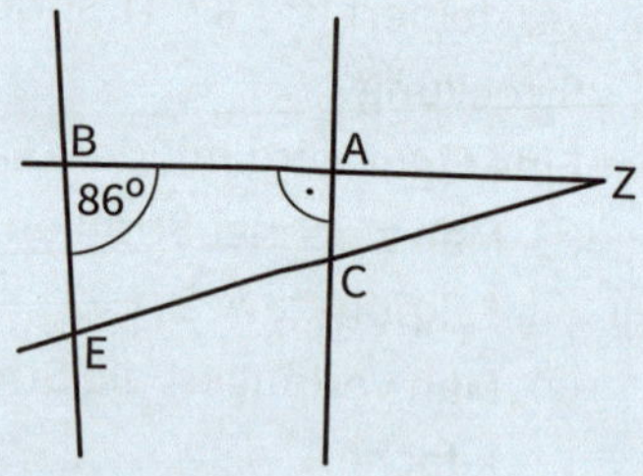

6 Welches Streckenverhältnis ist richtig (r), welches ist falsch (f)? Kreuze an.

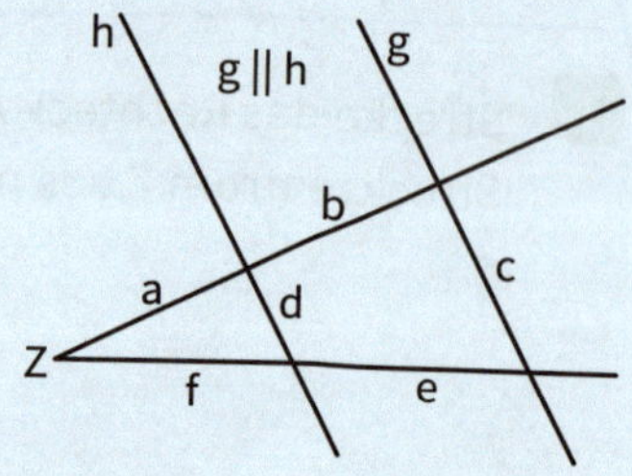

a) $\frac{a}{d} = \frac{(a+b)}{c}$ r☐ f☐ b) $\frac{a}{f} = \frac{c}{b}$ r☐ f☐

c) $\frac{f}{d} = \frac{e}{c}$ r☐ f☐ d) $\frac{(e+f)}{c} = \frac{f}{d}$ r☐ f☐

7 Strecke das Dreieck ABC um Z mit k = 1,5.

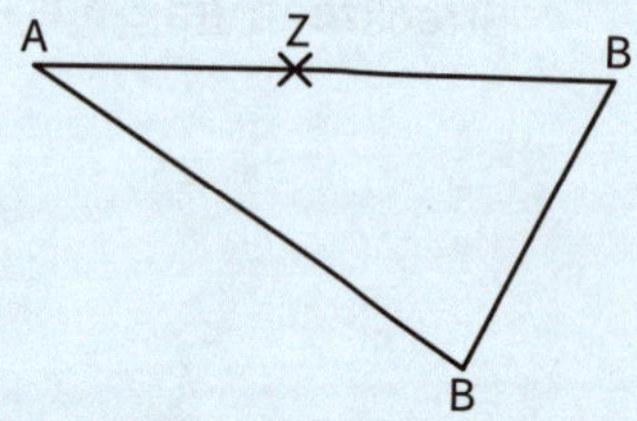

8 In der dargestellten Figur gelten die Strahlensätze. Schreibe Gleichungen zu den Streckenverhältnissen auf.

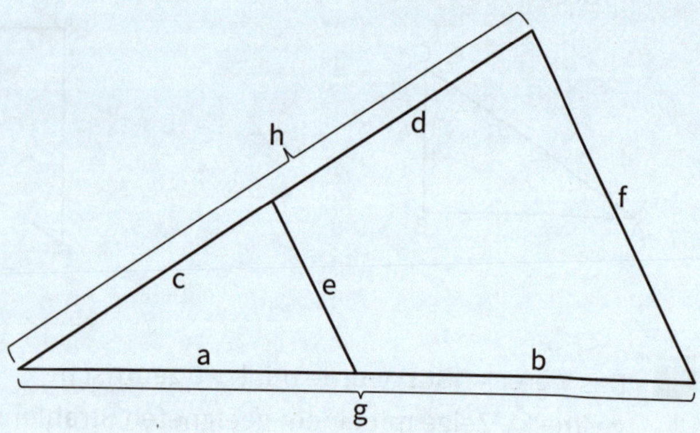

Level 3

9 Berechne die Länge von x, y und z.

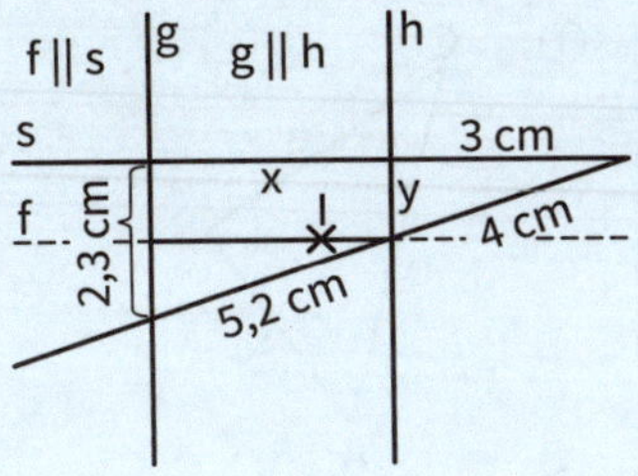

10 Welche Aussage ist wahr (w), welche ist falsch (f)? Kreuze an.

a) Werden zwei Strahlen von zwei Geraden geschnitten, entsteht eine Strahlensatzfigur. w☐ f☐

b) Mit dem 2. Strahlensatz berechnet man nur Abschnitte auf Geraden. w☐ f☐

11 Aus einer Strahlensatzfigur wird $x : (x + 3) = 2 : 3{,}5$ entnommen. Berechne x.

12 Peter peilt eine Turmspitze über das Ende eines 4 m langen Stabes an, der senkrecht auf dem Boden steht. Seine Augen sind in einer Höhe von 1,75 m über dem Boden. Peter steht 5 m vom Stab entfernt. Die Entfernung zum Turm beträgt vom Stab aus 215 m.
Fertige eine Skizze an und berechne die Höhe des Turmes.

Level 4

13 Teile die Strecke AB in 6 gleichlange Abschnitte ohne sie zu messen.

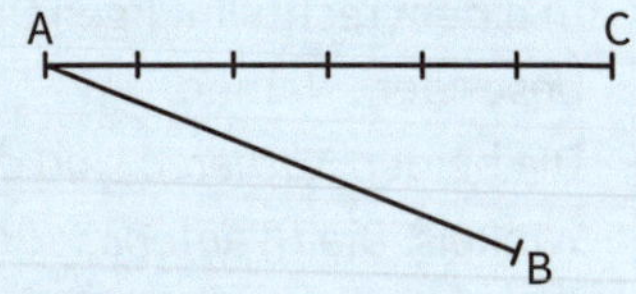

14 Abgebildet ist ein Messkeil, der am Ende eine 1 cm-breite Öffnung hat.
Welchen Durchmesser hat der Draht?

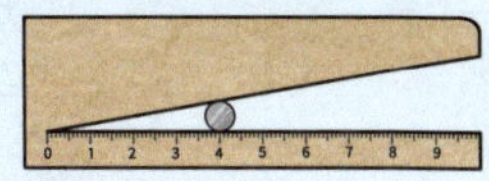

15 Strecke das Trapez ABCD um Z mit $k = -1{,}5$.

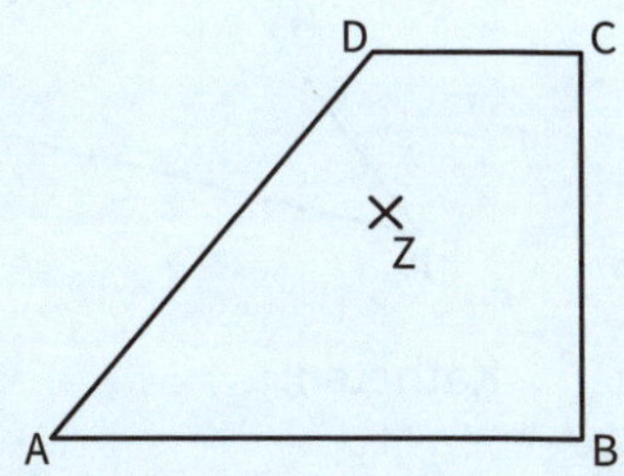

16 ✪ Eine Anglerin steht am Ufer eines Sees und drillt einen Fisch mit gerade gespannter Schnur. Die Spitze ihrer Angelrute befindet sich in 3,40 m Höhe über dem Boden. Die Angelschnur taucht genau in 10 m Entfernung von der Anglerin ins Wasser ein. Insgesamt hat der Fisch schon 80 m Schnur von der Angelrolle abgezogen.
Fertige eine Skizze an und berechne, in welcher Tiefe sich der Fisch befindet. Runde auf eine Stelle nach dem Komma.
Tipp: Wende zuerst den Satz des Pythagoras an.

Rechtwinklige Dreiecke

Seiten im rechtwinkligen Dreieck

In einem rechtwinkligen Dreieck haben die Seiten besondere Namen.
Die beiden *Katheten* sind die Schenkel des rechten Winkels. Die *Hypotenuse* liegt dem rechten Winkel gegenüber. Sie ist im rechtwinkligen Dreieck stets die längste Seite.

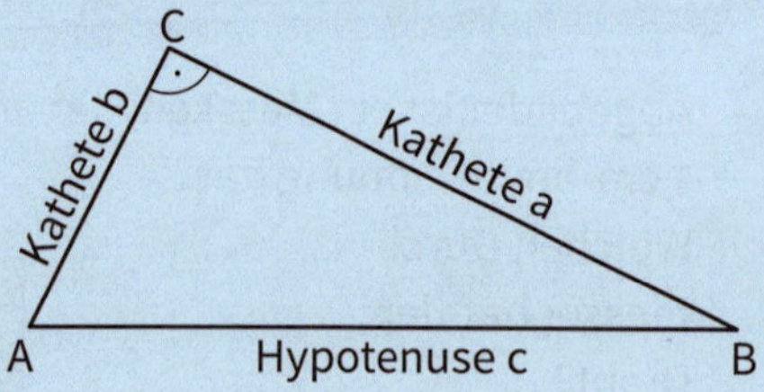

WEBCODE WES-121591-050

Kathete und Hypotenuse im Dreieck

Gib die beiden Katheten und die Hypotenuse an.

①

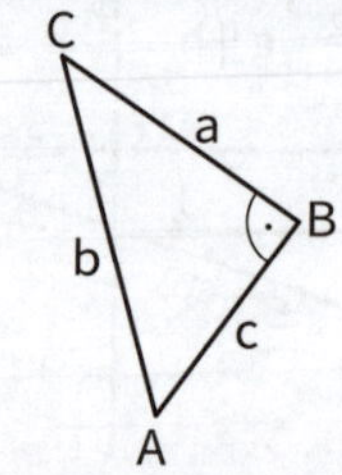

Katheten: a und c
Hypotenuse: b

②

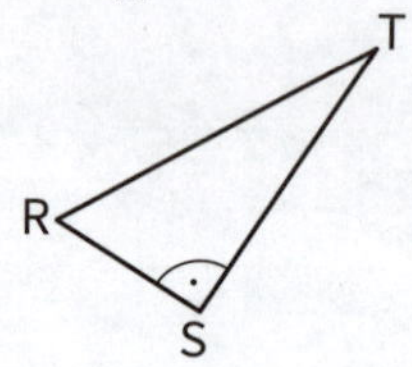

Katheten: $\overline{RS}$ und $\overline{ST}$
Hypotenuse: $\overline{RT}$

1 Gib die Katheten und die Hypotenuse an.

a)

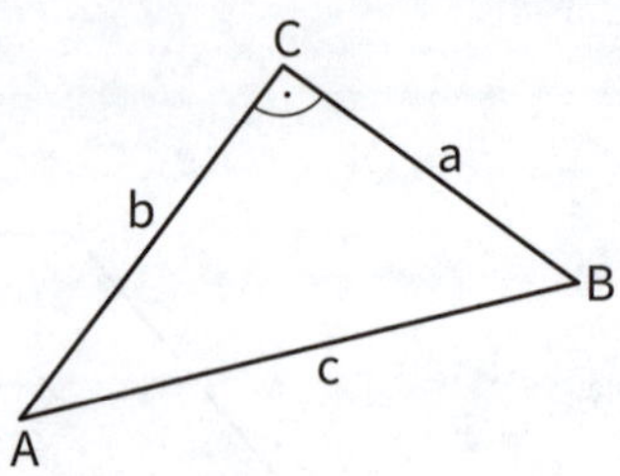

Katheten: ______ Hypotenuse: ______

b)

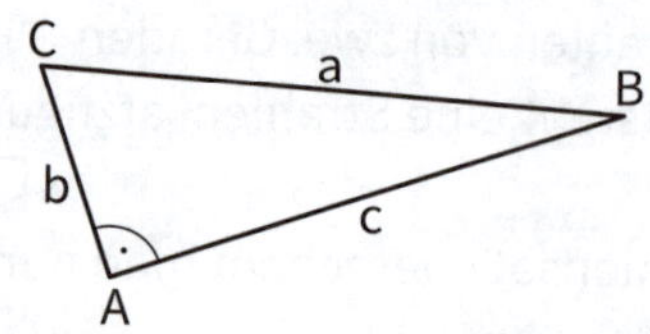

Katheten: ______ Hypotenuse: ______

2 Vervollständige die Zeichnung mit den angegebenen Maßen, sodass ein rechtwinkliges Dreieck ABC entsteht. Benenne anschließend die Katheten und die Hypotenuse.

a) a = 4 cm

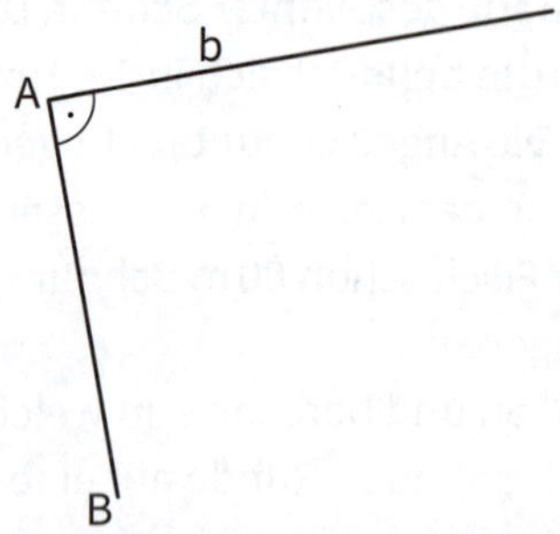

b) β = 90°; b = 6 cm

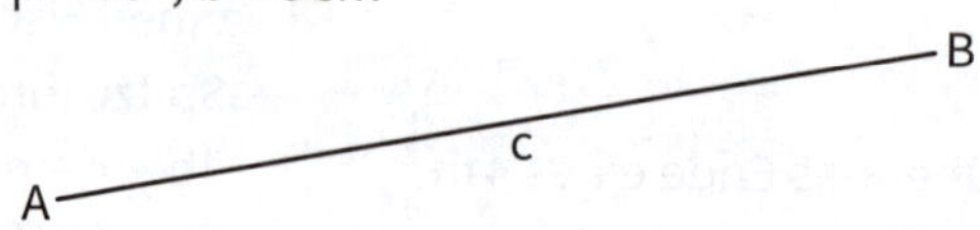

c) ρ = 90°; s = 2 cm

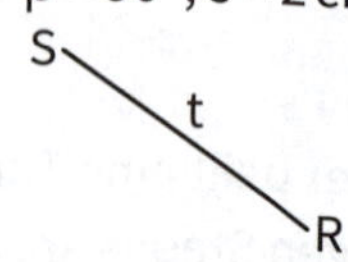

3 Zeichne das Dreieck in ein Koordinatensystem. Markiere den rechten Winkel und benenne die Katheten und die Hypotenuse.

a) A(3|9); B(4|1); C(7|7)

$\overline{AB}$: ______

$\overline{BC}$: ______

$\overline{AC}$: ______

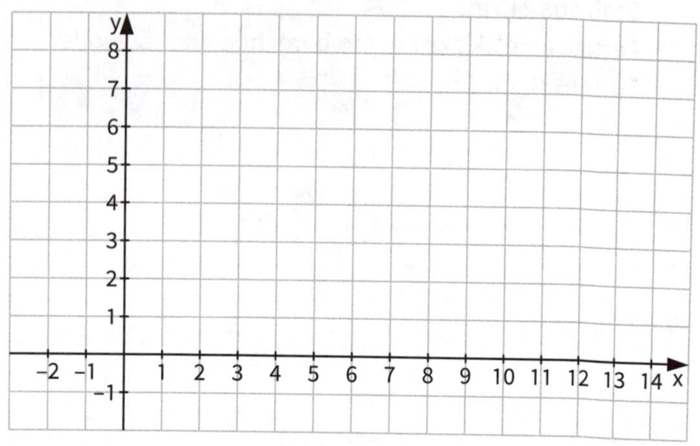

4 Zeichne das rechtwinklige Dreieck ABC mit den angegebenen Maßen. Gib anschließend die jeweilige Funktion der Seiten im Dreieck an.

a) α = 43°, β = 47°, b = 4 cm $\overline{AB}$: ______ $\overline{BC}$: ______ $\overline{AC}$: ______

Der Satz des Pythagoras

Quadrate am rechtwinkligen Dreieck

Addiert man in einem rechtwinkligen Dreieck die Flächeninhalte der Kathetenquadrate, erhält man den Flächeninhalt des Hypotenusenquadrats.
Diesen Sachverhalt bezeichnet man als „Satz des Pythagoras“.

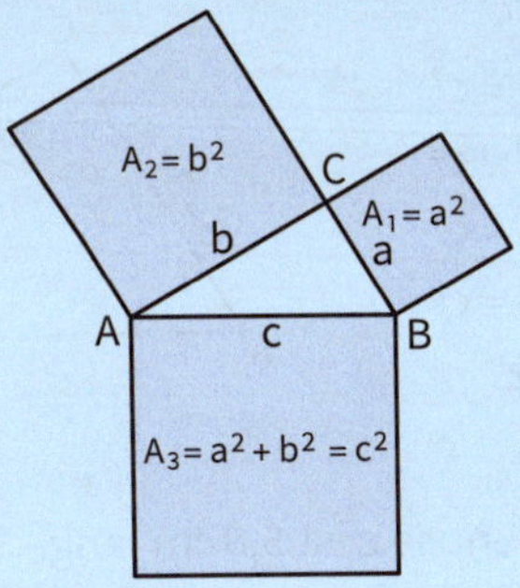

Für $\gamma = 90°$ gilt:

$a^2 + b^2 = c^2$

WEBCODE WES-121591-051

Beweis des Satzes von Pythagoras

Der Satz des Pythagoras kann mithilfe der folgenden Figur bewiesen werden. Gib dazu bekannte Flächen und Längen an und schreibe eine Gleichung für c^2 auf.

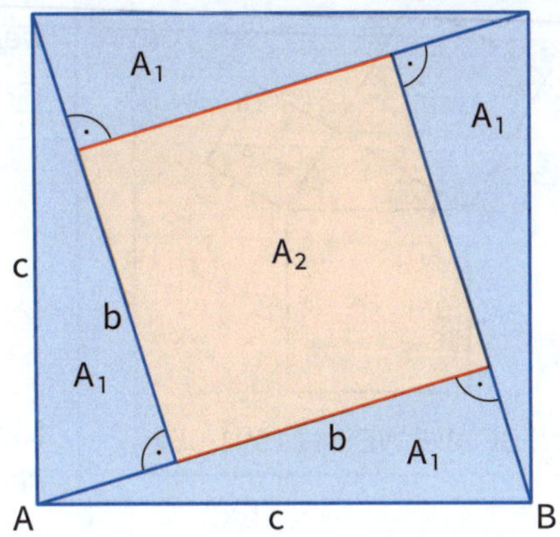

Bekannte Flächen:

1. Fläche des großen Quadrats:
   $A_{ges} = c^2$
2. Fläche eines Dreiecks ABC:
   $A_1 = \frac{a \cdot b}{2}$
3. Fläche des roten Quadrats:
   $A_2 = (b - a)^2$

Beweis des Satzes von Pythagoras:

$A_{ges} = 4\,A_1 + A_2$

$c^2 = 4 \cdot \frac{ab}{2} + (b - a)^2$

$c^2 = 2\,ab + b^2 - 2\,ab + a^2$

$c^2 = a^2 + b^2$

1 Schreibe die passende Gleichung für den Satz des Pythagoras.

a)

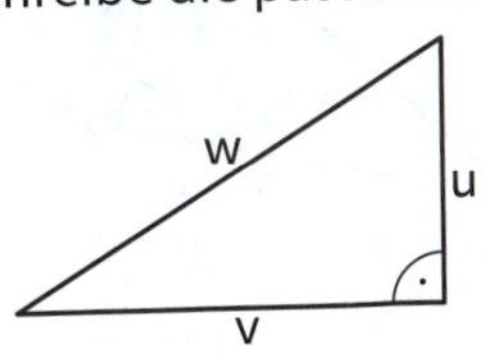

b)

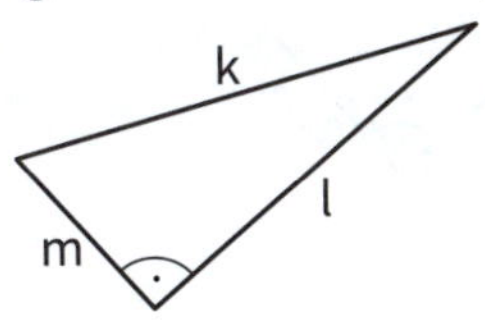

c)

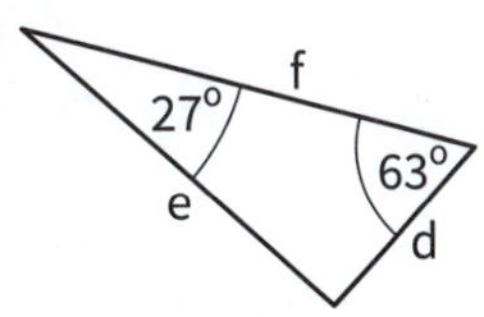

d)

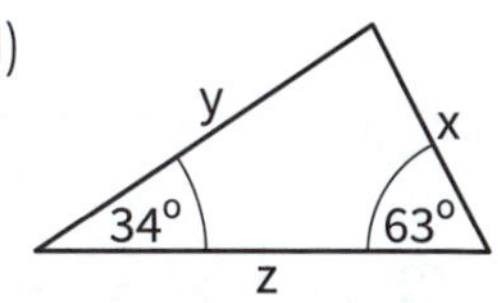

2 Berechne die fehlenden Seitenlängen für rechtwinklige Dreiecke.

a)

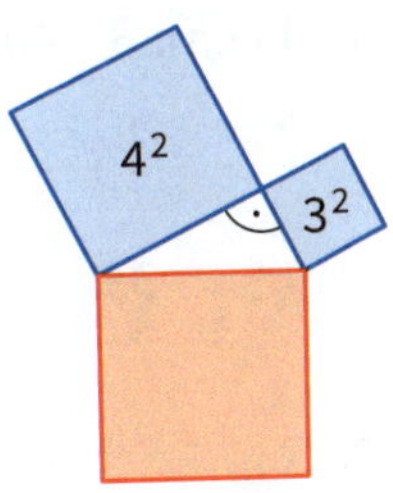

b)

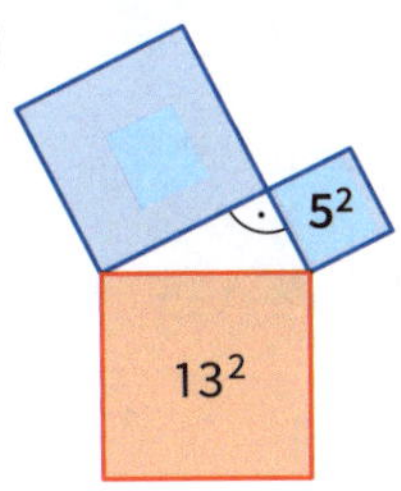

c)

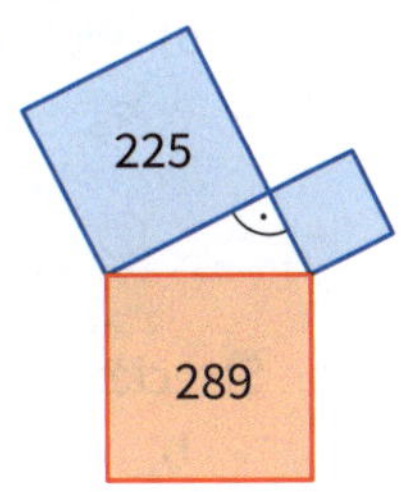

d)

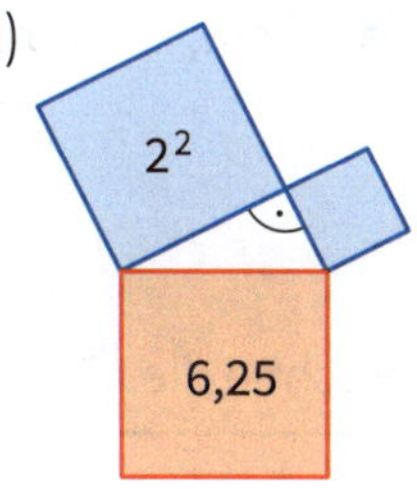

3 Prüfe, ob ein rechtwinkliges Dreieck vorliegt. Notiere, wenn möglich, die Gleichung.

a) $a = 15\,cm$; $b = 20\,cm$; $c = 25\,cm$

b) $a = 11\,m$; $b = 7\,m$, $c = 8\,m$

c) $u = 8\,mm$; $v = 11\,mm$; $w = 14\,mm$

d) $r = 36\,dm$, $b = 15\,dm$; $c = 39\,dm$

4 Gib alle Gleichungen nach dem Satz des Pythagoras an.

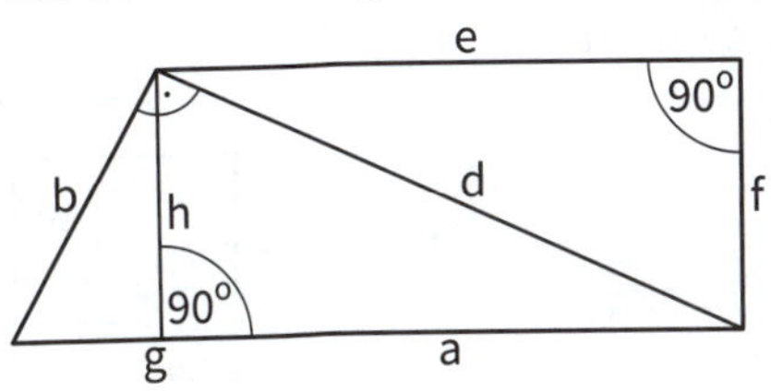

Berechnung der Hypotenuse

Hypothenusenberechnung

Wenn im rechtwinkligen Dreieck die Längen der beiden Katheten bekannt sind, kann die Länge der Hypotenuse nach dem Satz des Pythagoras berechnet werden.

Man zieht die Wurzel aus der berechneten Summe der Kathetenquadrate.

① $c^2 = a^2 + b^2$

② $c = \sqrt{a^2 + b^2}$

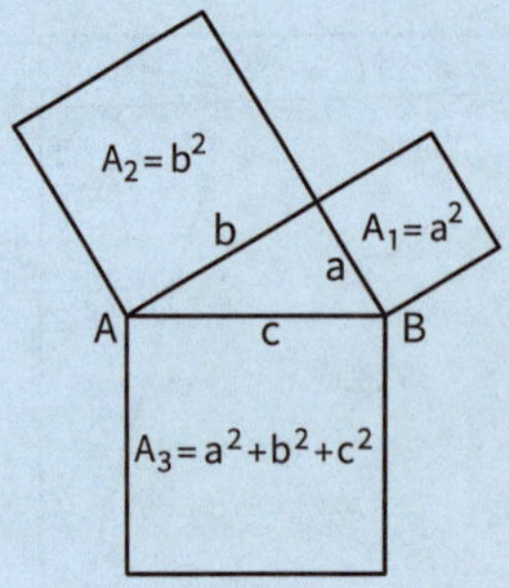

WEBCODE WES-121591-052

Länge der Hypotenuse berechnen

Berechne die Länge der Hypotenuse des gegebenen rechtwinkligen Dreiecks.

Hypotenuse berechnen:

① $a^2 + b^2 = c^2$

$5^2 + 3^2 = c^2$

$25 + 9 = c^2$

$34 = c^2$

② $c = \sqrt{34}$

$c \approx 5{,}8$

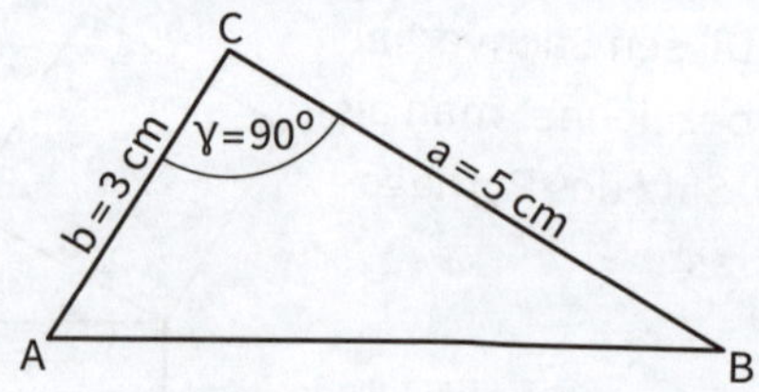

Die Hypotenuse c ist 5,8 cm lang.

1 Berechne die Länge der Hypotenuse.

a)

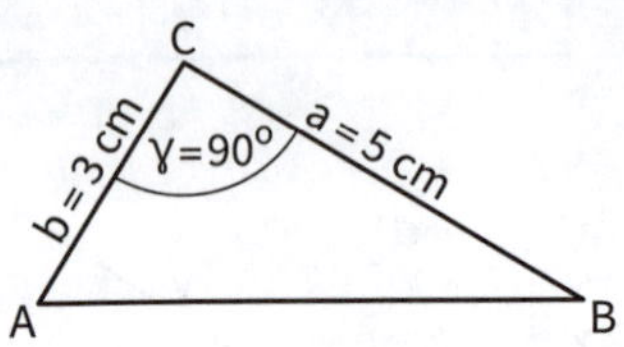

① $a^2 + b^2 = c^2$

② $3^2 + 5^2 = c^2$

b)

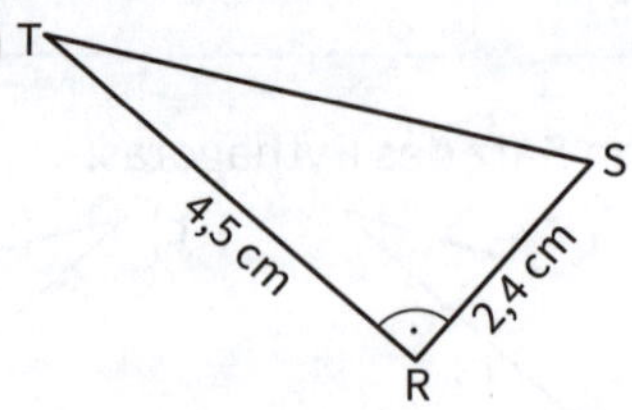

①

②

c)

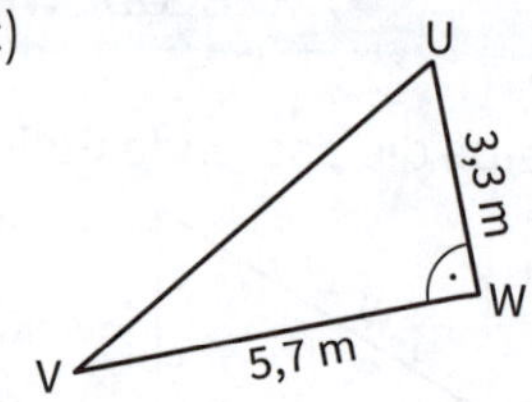

①

②

2 Berechne die Länge der Hypotenuse. Fertige zuerst eine Planfigur an.

a) a = 6 cm; b = 4 cm; γ = 90°

①

②

b) b = 43 m; c = 58 m; α = 90°

①

②

c) c = 6 cm; a = 11 cm; β = 90°

①

②

3 Berechne die Länge der markierten Strecke.

a)

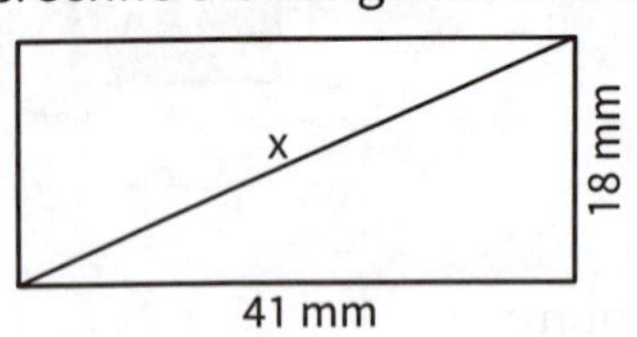

b)

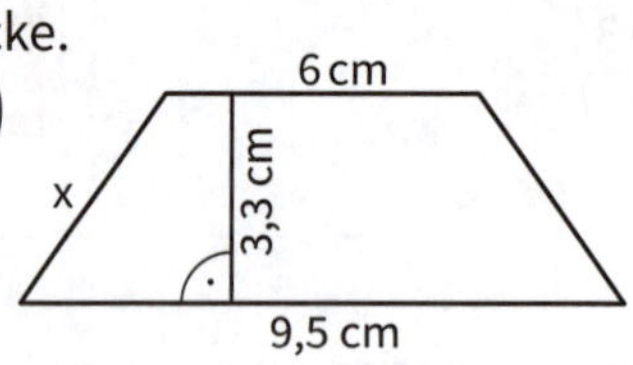

c)

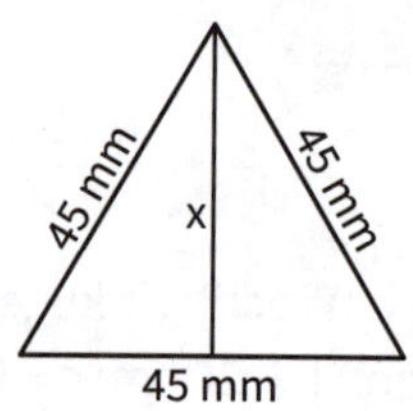

4 Ein Quadrat und ein Würfel haben jeweils die Kantenlänge a.

a) Leite eine Formel zur Berechnung der Flächendiagonalen d her.

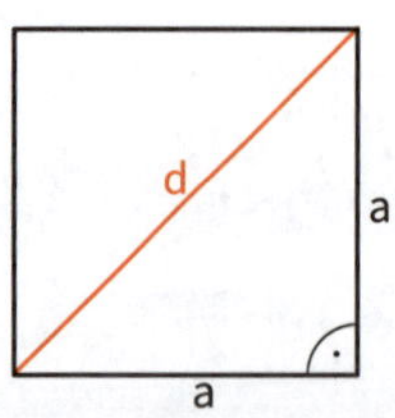

b) Leite eine Formel zur Berechnung der Raumdiagonalen e her.

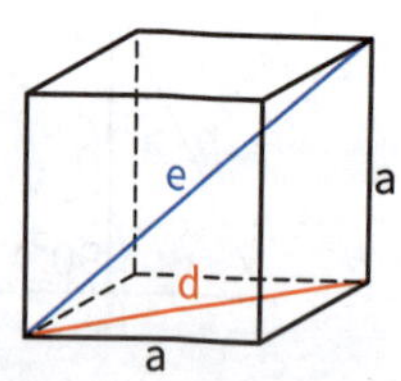

Berechnung der Katheten

Kathetenberechnung

Wenn im rechtwinkligen Dreieck die Längen der Hypotenuse und einer Kathete bekannt sind, kann die Länge der anderen Kathete nach dem Satz des Pythagoras berechnet werden.

Man zieht die Wurzel aus der berechneten Differenz.

① $a^2 + b^2 = c^2$

② $a^2 = c^2 - b^2$

$a = \sqrt{c^2 - b^2}$ oder

$b^2 = c^2 - a^2$

$b = \sqrt{c^2 - a^2}$

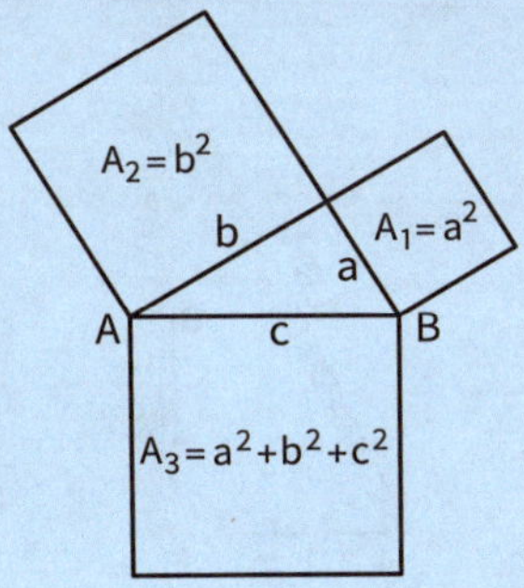

WEBCODE WES-121591-053

Länge einer Kathete berechnen

Berechne die Länge der Kathete b des gegebenen rechtwinkligen Dreiecks.

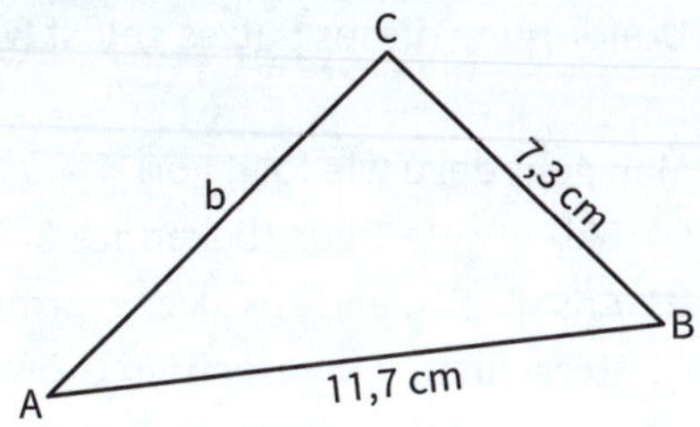

Kathete berechnen:

① $a^2 + b^2 = c^2$

② $b^2 = c^2 - a^2$

$b^2 = 11{,}7^2 - 7{,}3^2$

$b^2 = 136{,}89 - 53{,}29 = 83{,}6$

$b = \sqrt{83{,}6} \approx 9{,}1$

Die Kathete ist 9,1 cm lang.

1 Berechne die Länge der Kathete.

a)

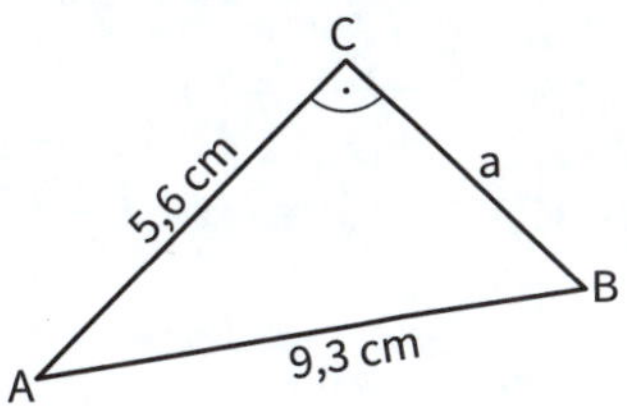

① $a^2 + b^2 = c^2$

② $a^2 = c^2 - a^2$

b)

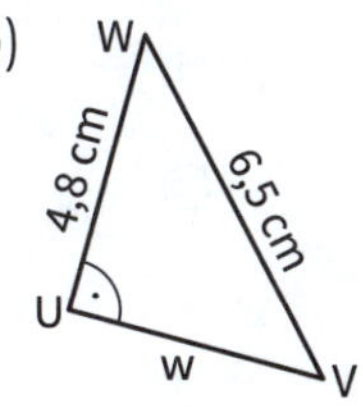

①

②

c)

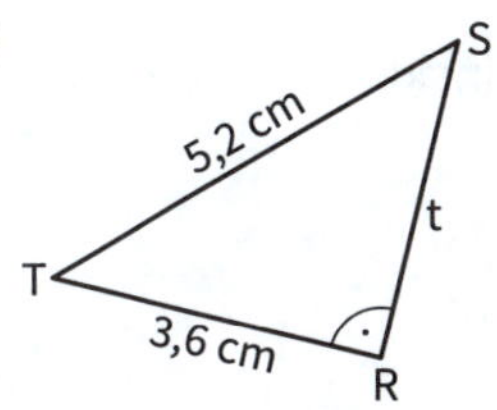

①

②

2 Berechne die Länge der zweiten Kathete. Fertige zuerst eine Planfigur an.

a) $a = 6\,cm$; $c = 9\,cm$; $\gamma = 90°$
①
②

b) $c = 3\,cm$; $b = 4\,cm$; $\beta = 90°$
①
②

c) $a = 7\,m$; $b = 4{,}8\,m$; $\alpha = 90°$
①
②

3 Lana und Marie haben folgende Rechenwege zur Berechnung der zweiten Kathete aufgeschrieben. Überprüfe ihre Rechnungen und korrigiere gegebenenfalls auftretende Fehler.

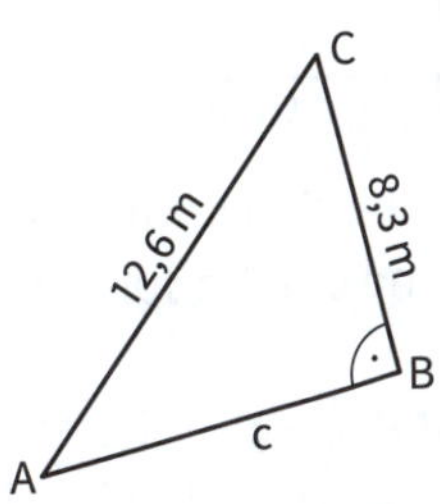

Lana:

① $a^2 + b^2 = c^2$

② $12{,}6^2 + 8{,}3^2 = c^2$

$227{,}65 = c^2$

$c = \sqrt{227{,}65}$

$c \approx 15$

Marie:

① $a^2 + c^2 = b^2$

② $c^2 = b^2 - a^2$

$c^2 = 12{,}6^2 - 8{,}3^2$

$c^2 = 4{,}3^2$

$c^2 = 18{,}49$

$c = \sqrt{18{,}49} = 4{,}3$

4 Berechne die Längen der fehlenden Strecken $\overline{AZ}$, $\overline{CD}$ und $\overline{AC}$.

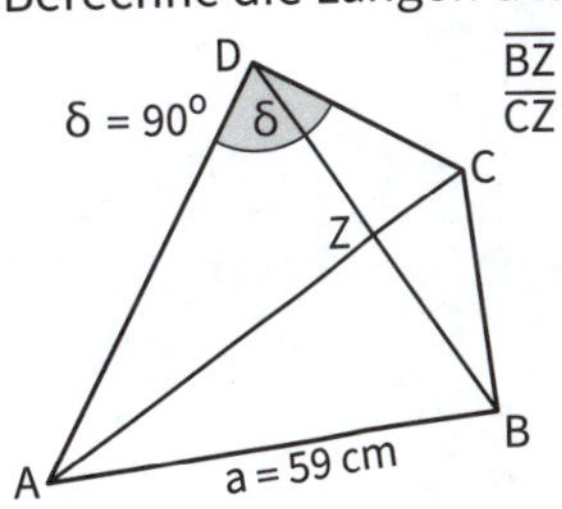

$\overline{BZ} = 27\,cm$
$\overline{CZ} = 14\,cm$

Anwendungsaufgaben an rechtwinkligen Dreiecken

Problemlösen mit dem Satz des Pythagoras

Viele Problemstellungen mit rechtwinkligen Dreiecken können mithilfe des Satzes von Pythagoras oder einer Umformung dieses Satzes gelöst werden.

Man geht dazu wie folgt vor:
① Skizze anfertigen (bekannte Größen markieren)
② Ansatz passend zur Skizze formulieren
③ Berechnen der gesuchten Größe
④ Formulieren eines Antwortsatzes

▶ WEBCODE WES-121591-054

Wie hoch reicht die Leiter?

Eine 4 Meter lange leiter wird an eine Wand angestellt. Die Leiter ist auf dem Boden 1 m von der Wand entfernt.

①

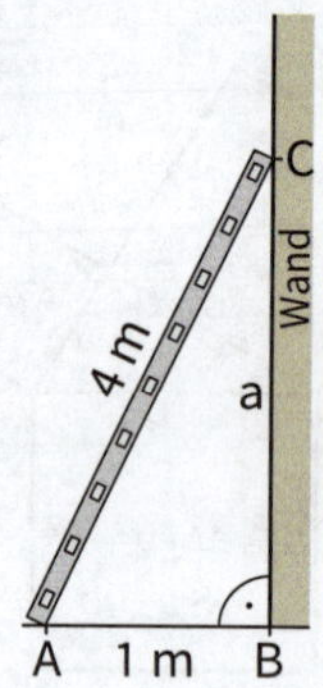

② Ansatz: $a^2 + c^2 = b^2$

③ Rechnung:
$a^2 = b^2 - c^2$
$a^2 = 4^2 - 1^2$
$a^2 = 16 - 1$
$a^2 = 15$
$a = \sqrt{15}$
$a \approx 3{,}87$

④ Antwort: Die Leiter reicht 3,87 m hoch.

1 Eine 30 m lange Feuerwehrteiter ist auf einem 3,50 m hohen Feuerwehrauto befestigt. Sie wird 12 m von einer Häuserwand ausgefahren. Welche Höhe erreicht die Leiter? Runde sinnvoll.

① Planskizze:

② ______________________

③ ______________________

____

④ ______________________

2 Ein 75-Zoll-Fernseher hat eine Bildschirmdiagonale mit einer Länge von 75 Zoll (1 Zoll = 2,54 cm). Bestätige durch eine Rechnung, dass ein Fernseher mit den Maßen 93,64 cm und 166,47 cm ein 75-Zoll-Fernseher ist.

____

____

3 Gegeben ist die Strahlensatzfigur. Berechne x, y und z.

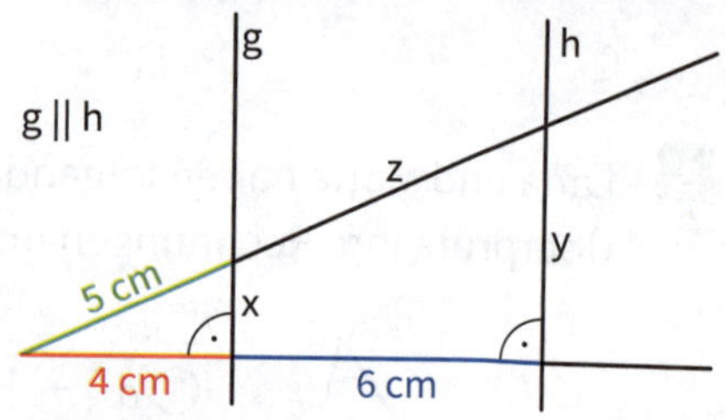

____

____

____

4 ✪ Ein Gedankenexperiment: Stell dir 100 km geradlinige Eisenbahnschienen vor, die an den beiden Enden im Erdboden befestigt sind. In der Mitte sägt man sie durch und setzt noch eine 1 m lange Schiene ein. Dadurch biegen sich die verlängerten Schienen geradlinig in die Höhe, sodass ein Dreieck entsteht.

a) Die Höhe in der Mitte der 100,001 km langen Eisenbahnschienen wird mit h bezeichnet.

Gib eine Schätzung für h ab. $h \approx$ ______________________

b) Berechne h.

Umkehrung des Satzes des Pythagoras

Rechte Winkel im Dreieck

Mithilfe des Satzes von Pythagoras kann das Dreieck auf das Vorliegen von rechten Winkeln überprüft werden.

Kehrsatz des Satzes des Pythagoras:
Wenn in einem Dreieck mit den Seiten a, b und c $a^2 + b^2 = c^2$ gilt, dann ist dieses Dreieck rechtwinklig mit der Hypotenuse c.

Gilt $a^2 + b^2 \neq c^2$ für $a, b < c$, dann folgt: Dreieck ABC ist nicht rechtwinklig.

▶ WEBCODE WES-121591-055

Rechtwinkligkeit von Dreiecken

Überprüfe, ob das vorliegende Dreieck rechtwinklig ist.

① $a^2 + b^2 = c^2$
② $8^2 + 15^2 = 17^2$
$64 + 225 = 289$
$289 = 289$
③ Das Dreieck ABC ist rechtwinklig.

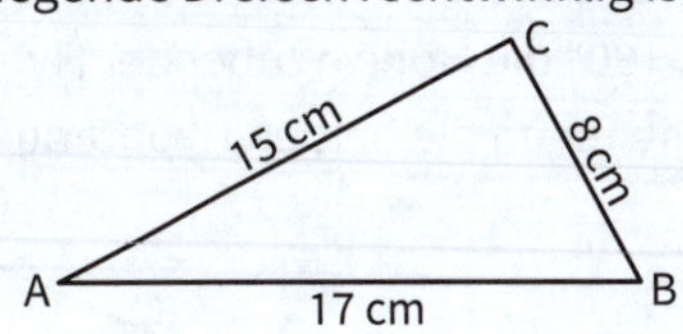

① $a^2 + b^2 = c^2$
② $5^2 + 11^2 = 13^2$
$25 + 121 = 169$
$146 \neq 169$
③ Das Dreieck ABC ist nicht rechtwinklig.

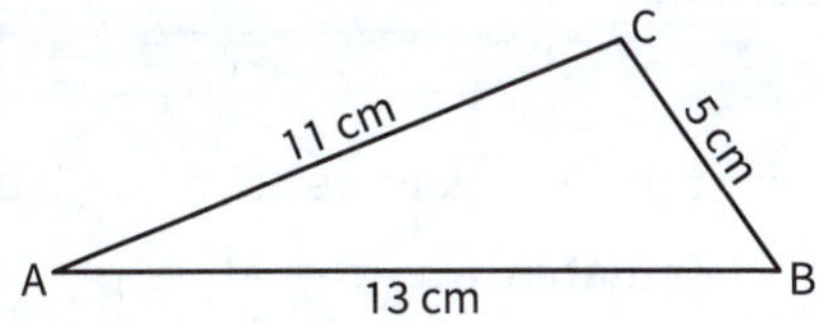

1 Überprüfe, ob das Dreieck mit den gegebenen Seitenlängen rechtwinklig ist.
a) $a = 15\,cm$; $b = 20\,cm$; $c = 25\,cm$
b) $u = 8\,cm$; $v = 14\,cm$; $w = 18\,cm$
c) $r = 1{,}5\,m$; $s = 3{,}6\,m$; $t = 3{,}9\,m$

2 Thomas hat mit einem Zollstock ein Dreieck gelegt.
Notiere die Seitenlängen des Dreiecks und überprüfe, ob das Dreieck rechtwinklig ist.

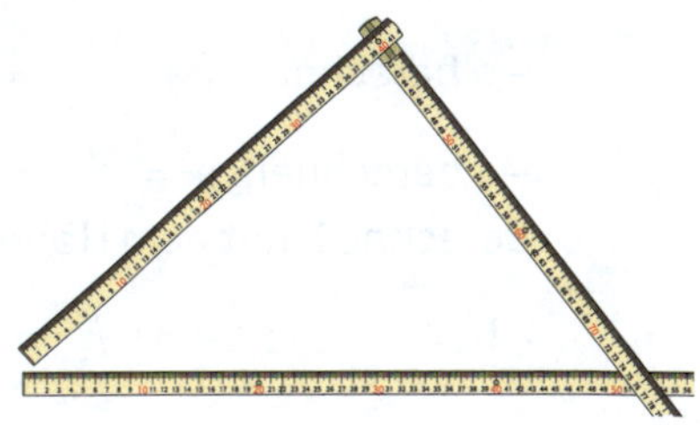

3 Jessica und Anton untersuchen das Dreieck ABC.
a) Zeichne das Dreieck mit den Eckpunkten A(−2|−1), B(4|1) und C(2|3) in das Koordinatensystem ein.
b) Anton behauptet: *„Die Längen der Dreiecksseiten kann man einfach mit dem Satz des Pythagoras berechnen.“*
Stimmt Antons Behauptung? Begründe und berechne die Längen der Dreiecksseiten.
c) Jessica meint überrascht: *„Das Dreieck ist ja gar nicht rechtwinklig.“* Überprüfe, ob ihre Aussage richtig ist.

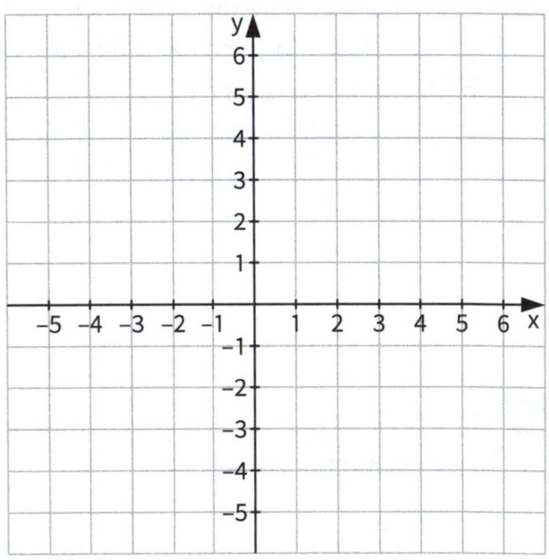

4 ✪ Drei natürliche Zahlen a; b und c, für die $a^2 + b^2 = c^2$ gilt, fasst man zu einem pythagoreischen Zahlentripel (a; b; c) zusammen.
a) Ist (35; 12; 37) ein pythagoreisches Zahlentripel? Zeige durch eine Rechnung.
b) Pythagoreische Zahlentripel können mithilfe der folgenden Formeln für zwei natürliche Zahlen m und n mit $m > n$ berechnet werden: $a = m^2 - n^2$; $b = 2\,m\,n$; $c = m^2 + n^2$.
Gib die ersten sechs pythagoreischen Tripel an, die man für $m \leq 4$ und $n < m$ erhält.

Katheten- und Höhensatz

Die Höhe im rechtwinkligen Dreieck

Zeichnet man in einem rechtwinkligen Dreieck mit $\gamma = 90°$ die Höhe h_c über der Hypotenuse c ein, dann entstehen die beiden Hypotenusenabschnitte q und p.

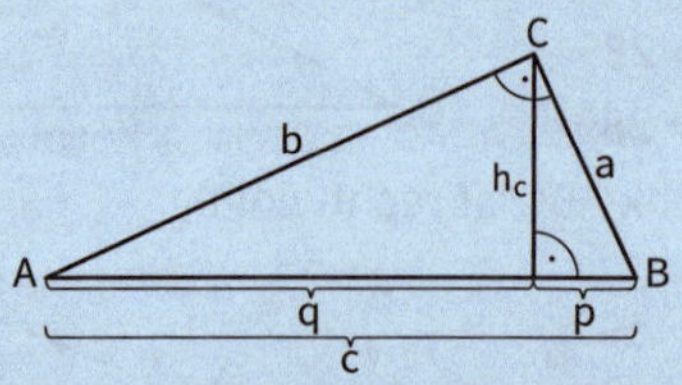

Im rechtwinkligen Dreieck ABC gilt dann:

① **Kathetensatz:** $a^2 = c \cdot p$ und $b^2 = c \cdot q$

② **Höhensatz:** $h^2 = p \cdot q$

WEBCODE WES-121591-056

Abschnitte in rechtwinkligen Dreiecken berechnen

Berechne die Längen der Hypotenuse c und der Höhe h_c im vorliegenden Dreieck.

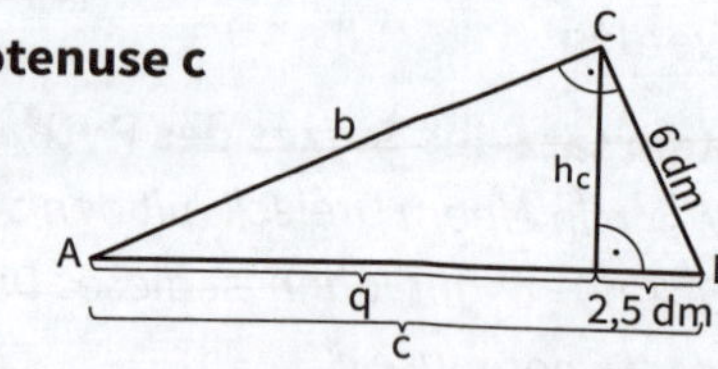

① **Berechne die Hypotenuse c (Kathetensatz)**

$a^2 = c \cdot p$

$c = \frac{a^2}{p}$

$c = \frac{6^2}{2{,}5} = \frac{36}{2{,}5} = 14{,}4$ $\quad c = 14{,}4\,dm$

② **Berechne die Höhe h_c**

$h^2 = p \cdot q$ $\quad$ Für $c = p + q$ folgt $q = 14{,}4 - 2{,}5 = 11{,}9$

$h^2 = 2{,}5 \cdot 11{,}9$

$h = \sqrt{2{,}5 \cdot 11{,}9}$

$h \approx 5{,}45\,dm$

1 Gegeben sind die beiden Figuren. Vervollständige die Berechnungen. Runde auf eine Nachkommastelle.

a) Berechne a, p und q mit dem Kathetensatz

– p berechnen: 25 = ____ · p | : ____ p ≈ ____ cm

– q berechnen: q + ____ = 13 cm | – ____; q ≈ ____ cm

– a berechnen: a^2 = ________ | √_; a ≈ ____ cm

b) Berechne h mit dem Höhensatz.

– h^2 = ____ · 1,9 cm | √_; h ≈ ____ cm

a)

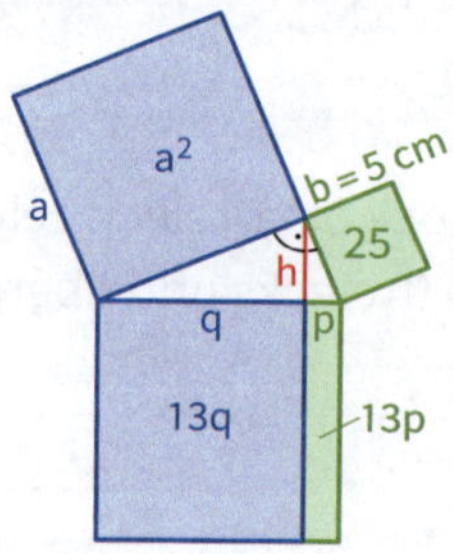

b)

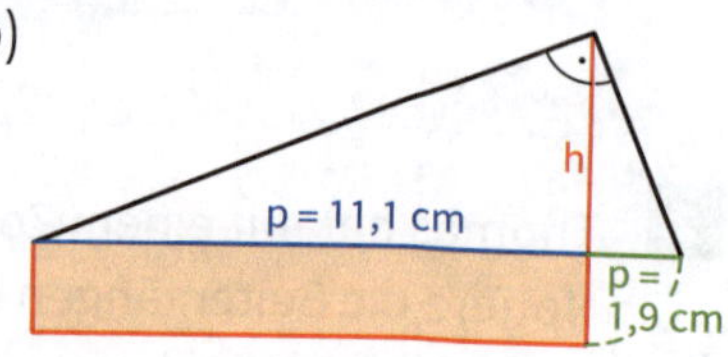

2 In einem rechtwinkligen Dreieck mit $\gamma = 90°$ gilt b = 6 cm und q = 4 cm.

a) Berechne die Seiten a und c, den Hypotenusenabschnitt p und die Höhe h_c des Dreiecks.

b) Zeichne das Dreieck.

3 In der Figur gilt der Satz des Pythagoras: $3^2 + 4^2 = 5^2$. Es haben sich aber Fehler eingeschlichen. Korrigiere.

a) 16 = 4q **f** ________ b) 9 = 3p **f** ________

c) p + q = 7 **f** ________

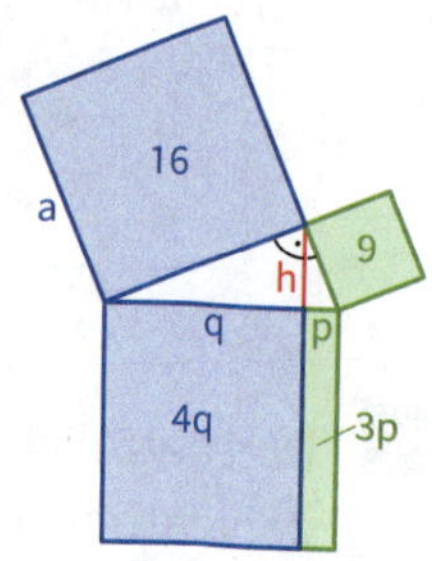

4 Zeichne über c = q + p ein rechtwinkliges Dreieck mithilfe des ...

a) ... Kathetensatzes, q = 2,5 cm, p = 1,1 cm.

____

____

b) ... Höhensatzes, q = 5 m, p = 1,8 cm.

____

Rechtwinklige Dreiecke im Thaleskreis

Wenn die Seite c eines Dreiecks ABC gleichzeitig der Durchmesser d eines Kreises ist und der Eckpunkt C auf dem Kreis über c liegt, dann ist das Dreieck ABC rechtwinklig mit $\gamma = 90°$.

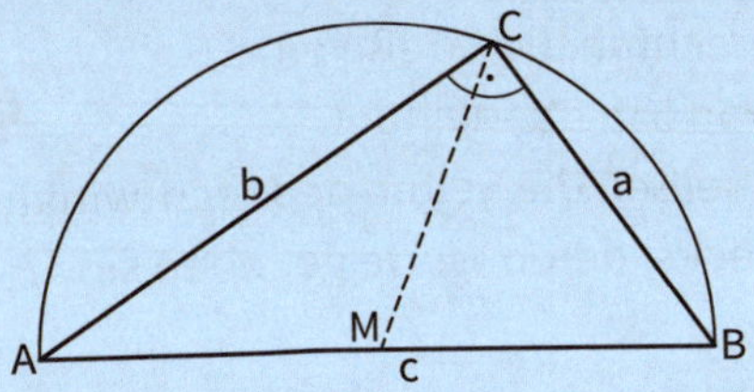

Umgekehrt gilt auch:
Wenn das Dreieck ABC rechtwinklig ist mit $\gamma = 90°$, dann liegt der Eckpunkt C auf einem Kreis mit dem Durchmesser d = c.

WEBCODE WES-121591-057

Rechtwinklige Dreiecke konstruieren

Zeichne ein rechtwinkliges Dreieck mit a = 4 cm; c = 7 cm und $\gamma = 90°$.

① Hypotenuse c zeichnen
② Mitte von c markieren
③ Kreisbogen mit $r = \frac{c}{2} = 3{,}5$ cm über c zeichnen
④ Seite a zeichnen

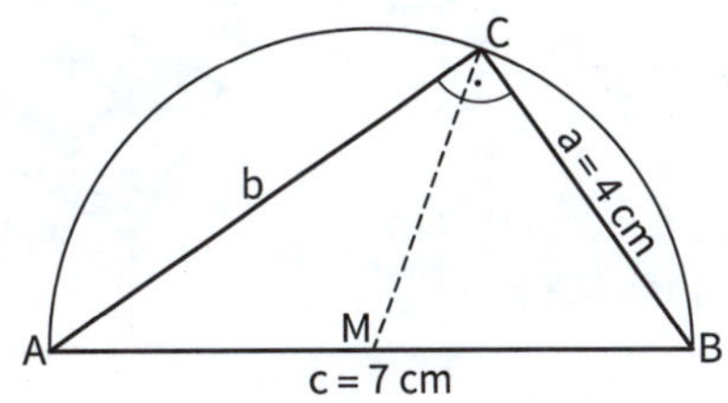

1 Konstruiere ein in Punkt C rechtwinkliges Dreieck.
a) c = 6,8 cm, a = 2,5 cm
b) $\overline{AB} = 5{,}4$ cm, $\alpha = 35°$
c) c = 6 cm; $h_c = 3$ cm

2 Konstruktion mit dem Satz des Thales.
a) Konstruiere ein Dreieck ABC mit c = $\overline{AB} = 8$ cm, Höhe $h_c = 3$ cm und $\gamma = 90°$.
b) Es gibt zwei symmetrische Lösungen. Miss die Länge von a und b.

a = ____ (____) cm; b = ____ (____) cm

3 Prüfe zeichnerisch, ob die vorliegenden Dreiecke rechtwinklig sind.

a)

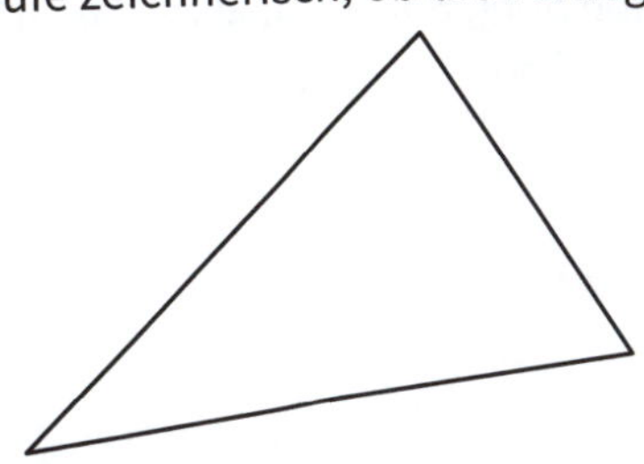

b)

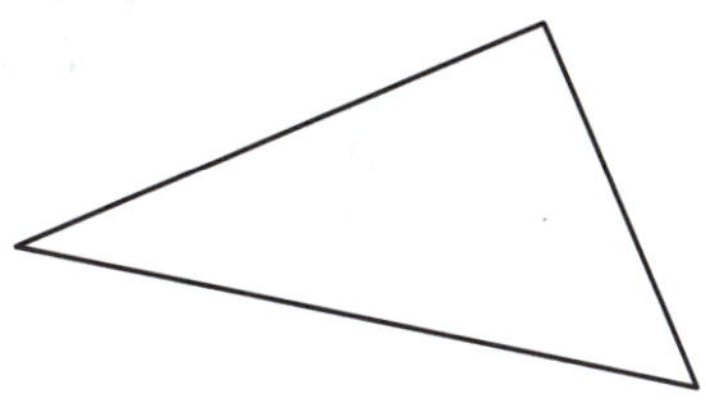

c)

4 Zeige mithilfe der Abbildung, dass der Satz des Thales gilt.
Tipp: Überlege zunächst, was für die Winkel aus $\overline{AM} = \overline{BM} = \overline{CM}$ folgt.
Bedenke auch, dass die Winkelsumme im Dreieck 180° beträgt.

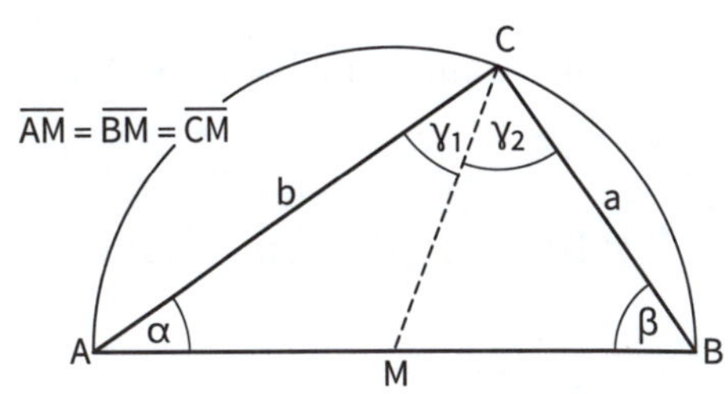

Welches Level erreichst du?

Starte bei Level 1 und löse mindestens zwei Aufgaben des Levels. Gehe anschließend zum nächsten Level weiter und fahre so fort.

Level 1

1 In der Figur sind die Flächeninhalte der Quadrate in cm^2 notiert. Gib die Seitenlängen des rechtwinkligen Dreiecks ABC an.

Kathete 1 (AC): ________ cm

Kathete 2 (BC): ________ cm

Hypotenuse (AB): ________ cm

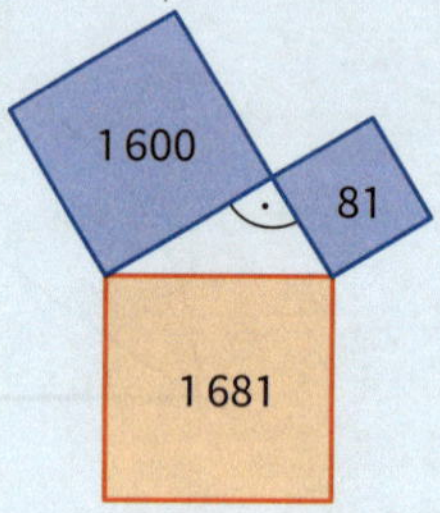

2 Ist der Winkel γ ein rechter Winkel? Begründe.

a)

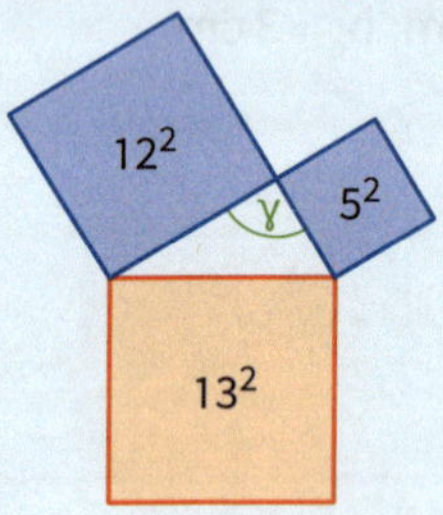

b)

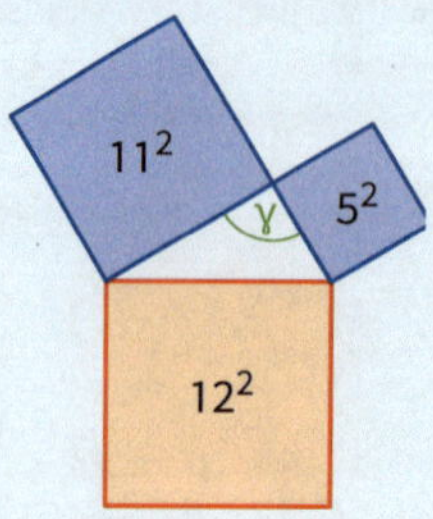

3 Hat Marvin richtig gerechnet? Prüfe nach und korrigiere wenn nötig.

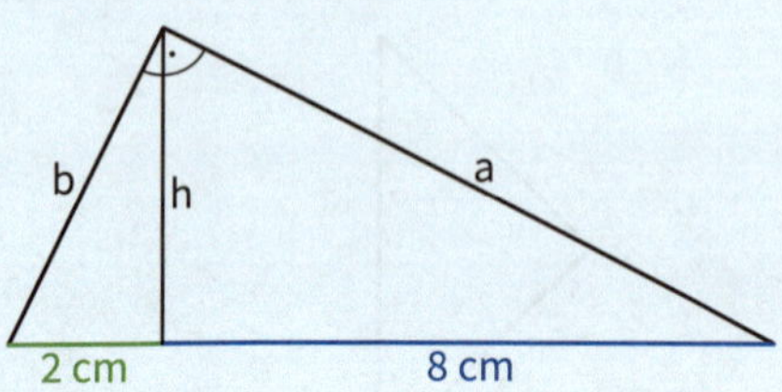

a) $c = 10\,cm$

b) $h^2 = 2\,cm \cdot 8\,cm$; $h = 4\,cm$

c) $b^2 = 10\,cm \cdot 2\,cm$; $b \approx 4{,}5\,cm$

d) $a^2 = 10\,cm \cdot 8\,cm$; $a \approx 8{,}9\,cm$

Level 2

4 Das Verkehrsschild kündigt an, dass auf 100 m in der Waagerechten die Straße eine Höhe von 5 m überwindet.

a) Wie heißen die Seiten des rechtwinkligen Dreiecks, deren Werte gegeben sind?

100 m: ________ ; 5 m: ________

b) Wie lang ist die Strecke auf der Straße, wenn ein Auto nach dem obigen Verkehrsschild 50 m Höhe überwunden hat? Runde auf eine Nachkommastelle.

5 Anwar zeichnet einen Halbkreis über DB und wählt den Punkt C.

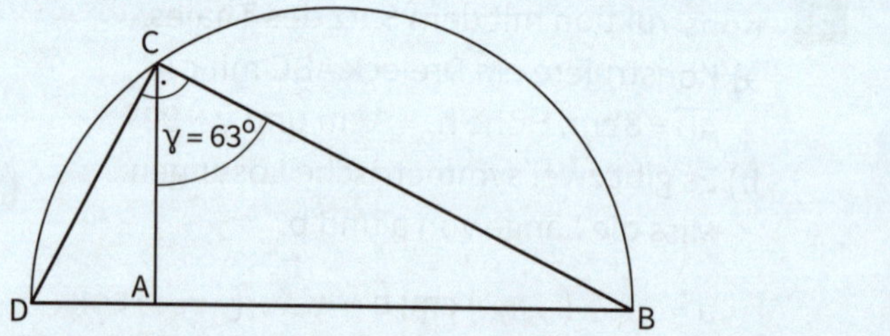

Er fragt: „Warum ist γ im Dreieck ABC kein rechter Winkel? Ich habe doch den Thaleskreis gezeichnet." Antworte ihm.

6 Welche Aussage ist wahr (w), welche ist falsch (f)? Kreuze an.

a) Das Dreieck mit $a = \sqrt{40}\,cm$, $b = \sqrt{60}\,cm$ und $c = \sqrt{100}\,cm$ ist rechtwinklig. w☐ f☐

b) Der Katheten- und Höhensatz ist nur in rechtwinkligen Dreiecken gültig. w☐ f☐

c) Der Eckpunkt C vom Dreieck ABC mit $\gamma = 90°$ liegt auf einem Kreis mit $d = AB$. w☐ f☐

Welches Level erreichst du?

Level 3

7 Gegeben ist das rechtwinklige Dreieck. Prüfe die Formeln. Korrigiere, wenn nötig.

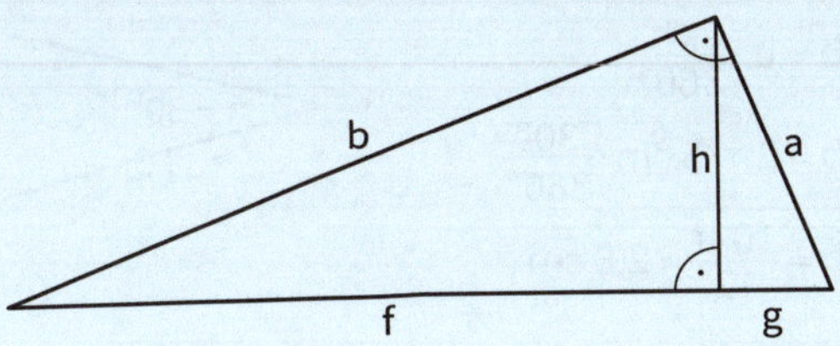

a) $h^2 + f^2 = b^2$

b) $h^2 + a^2 = g^2$

c) $a^2 + b^2 = f^2 + g^2$

d) $b^2 = f \cdot (f + g)$

e) $h^2 = a \cdot b$

8 ✪ Gegeben ist das achsensymmetrische Trapez, das von einem Halbkreis umschlossen ist.

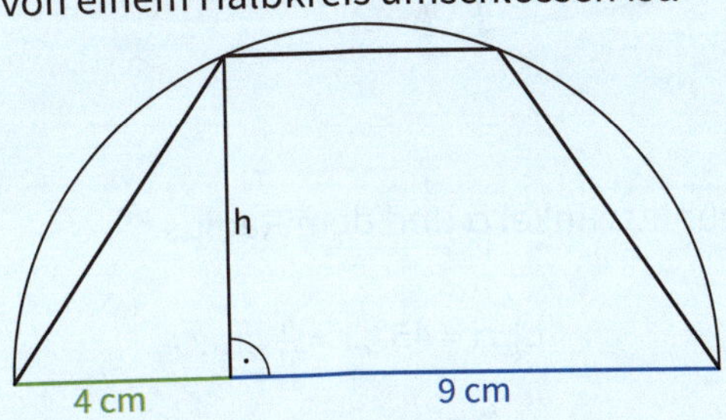

Berechne seinen Flächeninhalt A.

9 Konstruiere ohne Hilfe des Satz des Thales ein rechtwinkliges Dreieck ABC mit $\gamma = 90°$ und $c = \overline{AB} = 6{,}5\,\text{cm}$.

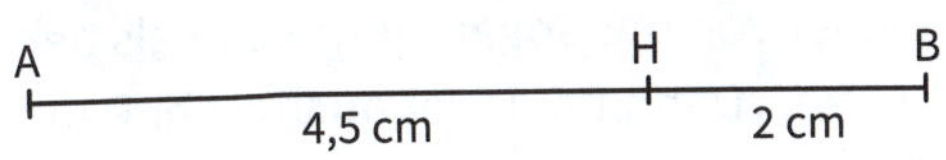

Level 4

10 Paulina steht auf einem 30 m hohen Leuchtturm und blickt zum Horizont. Wie weit ist er von ihr entfernt? Rechne mit $r_E = 6\,371\,\text{km}$.

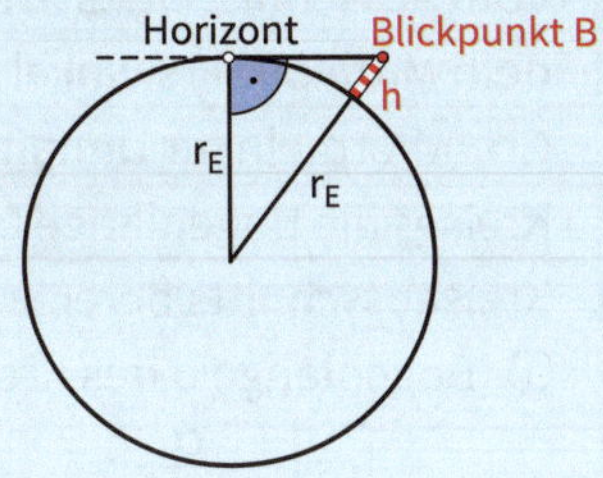

11 Um eine 10 m breite Bühne auszuleuchten, reicht der Scheinwerfer S in S (0|5) nicht aus. Zwei weitere mit rechtwinkligem Lichtkegel sollen in einem Abstand von 3 m von der Bühne jeweils links und rechts installiert werden.

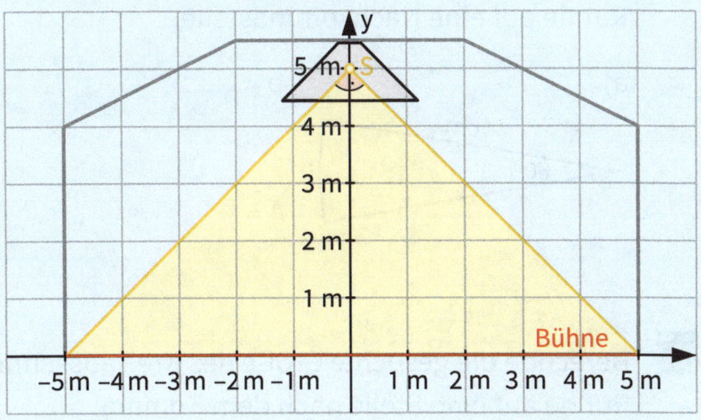

a) Konstruiere die beiden Punkte S_L und S_R, in denen jeweils der Scheinwerfer an der Decke befestigt wird.

b) Welche Koordinaten haben S_L und S_R?

S_L(____|____); S_R(____|____)

12 In einem rechtwinkligen Dreieck mit den Seiten a, b, c sowie den Hypotenusenabschnitten p und q gilt: $a^2 = pc$ und $b^2 = qc$. Berechne $a^2 + b^2$.

Bogenlänge und Flächeninhalt

Vom Ausschnitt eines Kreises mit dem Radius r und dem Mittelpunktswinkel α können mithilfe der Grundformeln für Umfang und Flächeninhalt des Kreises die Bogenlänge b und der Flächeninhalt A des Kreisausschnitts berechnet werden.

① Bogenlänge b des Kreisausschnitts:

$$b = u \cdot \frac{\alpha}{360°} = 2\pi r \cdot \frac{\alpha}{360°}$$

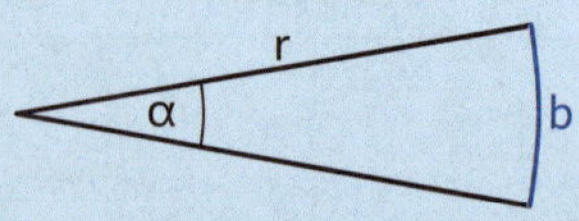

② Flächeninhalt A des Kreisausschnitts:

$$A = A_{Kreis} \cdot \frac{\alpha}{360°} = \pi r^2 \cdot \frac{\alpha}{360°}$$

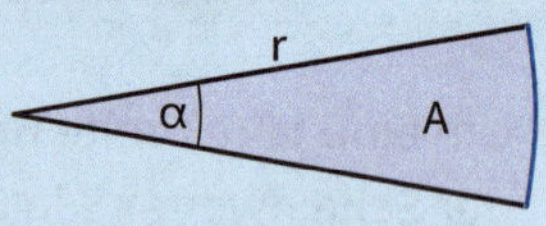

▶ WEBCODE WES-121591-060

Bogenlänge und Flächeninhalt berechnen

Berechne die Bogenlänge b und den Flächeninhalt A des dargestellten Kreisausschnitts.

① Bogenlänge b:

$$b = u \cdot \frac{\alpha}{360°}$$

$$b = 2\pi \cdot 5\,cm \cdot \frac{30°}{360°}$$

$$b = \frac{10\,\pi}{12} \approx 2{,}6\,cm$$

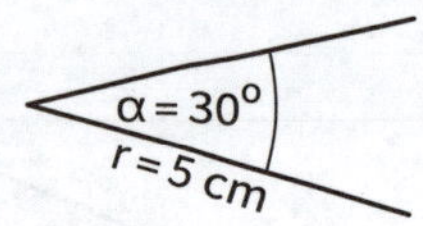

② Flächeninhalt A:

$$A = A_{Kreis} \cdot \frac{\alpha}{360°}$$

$$= \pi \cdot (5\,cm)^2 \cdot \frac{30°}{360°}$$

$$= \frac{25\,\pi}{12}\,cm^2 \approx 6{,}5\,cm^2$$

1 Berechne die Länge b des Kreisbogens und den Flächeninhalt A des dargestellten Kreisausschnitts. Runde auf eine Nachkommastelle.

a)

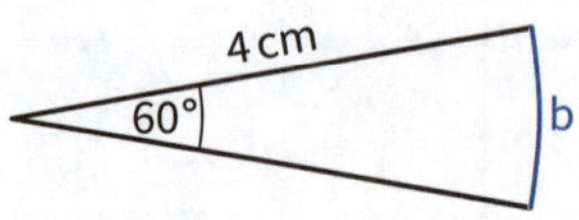

b = ______

A = ______

b)

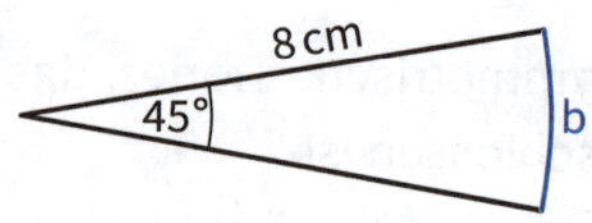

b = ______

A = ______

2 Berechne die gesuchte Größe des Kreisausschnitts mit dem Mittelpunktswinkel α und dem Radius r. Runde auf eine Stelle nach dem Komma.

a) $\alpha = 120°$; $r = 4{,}5\,cm$
$b \approx$ ______

b) $\alpha = 63°$; $r = 75\,mm$.
$A \approx$ ______

c) $\alpha = 45°$; $r = \frac{4}{\pi}\,cm$.
$b =$ ______

3 Thilo hat die Formel für den Kreisbogen b nach α und die für den Flächeninhalt A nach r umgestellt:

① $\alpha = b \cdot \frac{360°}{2\pi r}$ und ① $r = \sqrt{\frac{A \cdot 360°}{\pi \cdot \alpha}}$

a) Überprüfe, ob Thilos Umformungen korrekt durchgeführt worden sind.

b) Berechne, wie groß der Mittelpunktswinkel α eines Kreissektors mit $b = 3\pi$ und $r = 6\,cm$ ist.

4 ✪ Antje, Burhan und Felix wollen für ihren Fußball-Abend Pizza bestellen. In der Pizzeria wird die normal große Pizza mit einem Durchmesser d von 28 cm zu einem Preis von 11,50 € verkauft.
In der Größe „Wagenrad" mit einem Durchmesser von d = 0,5 m kostet die Pizza genau 30,00 €. Burhan meint: „Wenn wir das Wagenrad bestellen und genau dritteln, erhält jeder von uns sogar mehr Pizza als bei der Größe „Normal" und wir sparen auch noch." „Gute Idee," antwortet Antje. „Dann hat jeder auch mehr Rand. Den esse ich so gerne."
Überprüfe mit einer Rechnung, ob Burhans und Antjes Aussagen richtig sind.

Oberfläche und Volumen gerader Körper

Man nennt einen Körper einen *geraden* Körper, wenn seine Grund- und Deckfläche G kongruent sind, diese parallel zueinander liegen und seine Mantellinien senkrecht zur Grund- und Deckfläche stehen.

Quader, Würfel, Prisma und Zylinder gehören zu den geraden Körpern.

Für alle geraden Körper mit der Körperhöhe h gilt:

① Oberfläche O: $O = 2 \cdot G + u_G \cdot h$

② Volumen V: $V = G \cdot h$

▶ WEBCODE WES-121591-061

Oberfläche und Volumen berechnen

Berechne die Oberfläche und das Volumen des dargestellten Körpers.

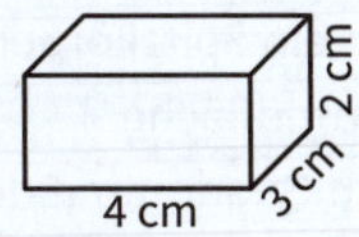

Grundfläche G: $G = 4\,\text{cm} \cdot 3\,\text{cm} = 12\,\text{cm}^2$

Umfang der Grundfläche G: $u_G = 2 \cdot (4\,\text{cm} + 3\,\text{cm}) = 14\,\text{cm}$

① Oberfläche O: $O = 2 \cdot G + u_G \cdot h$

$= 2 \cdot 12\,\text{cm}^2 + 14\,\text{cm} \cdot 2\,\text{cm}$

$= 24\,\text{cm}^2 + 28\,\text{cm}^2 = 52\,\text{cm}^2$

② Volumen V: $V = G \cdot h$

$= 12\,\text{cm}^2 \cdot 2\,\text{cm} = 24\,\text{cm}^3$

1 Bestimme Oberfläche und Volumen des dargestellten Körpers. Runde auf zwei Nachkommastellen.

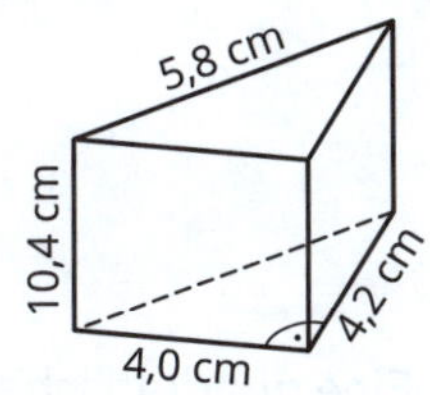

Grundfläche G: G = ______________________

Oberfläche O: O = ______________________

Volumen V: V = ______________________

2 Berechne die Grundfläche, Mantelfläche und Oberfläche sowie das Volumen des Körpers, dessen Netz dargestellt ist. Runde auf eine Stelle nach dem Komma.

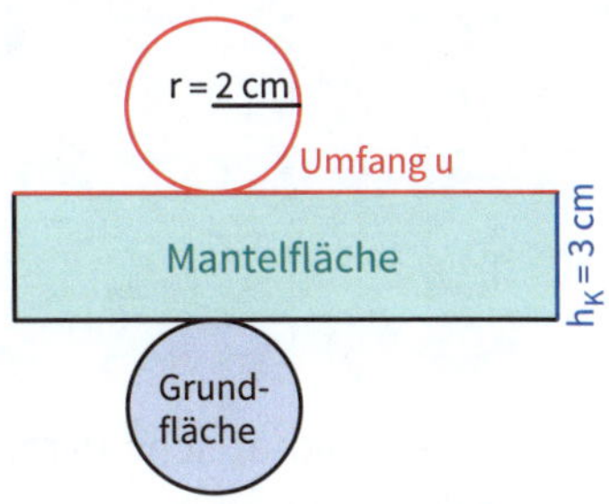

Grundfläche G: G = ______________________

Mantelfläche M: M = ______________________

Oberfläche O: O = ______________________

Volumen V: V = ______________________

3 Eine Schachtel hat als Grundfläche den dargestellten Kreisausschnitt. Berechne das Volumen des Körpers.

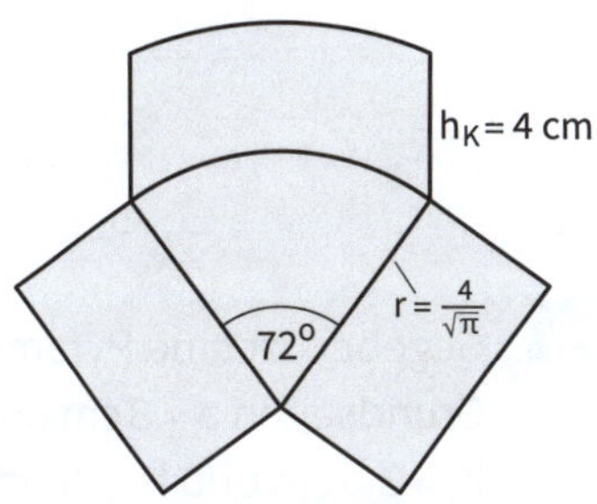

____

____

____

4 Von einem Zylinder sind die Mantelfläche $M = 160\,\text{cm}^2$ und die Körperhöhe $h = \frac{8}{\sqrt{\pi}}$ bekannt.

a) Berechne die Grundfläche G des Zylinders.

____

b) Bestimme, wie groß sein Volumen V ist. Runde sinnvoll.

____

Oberflächen von Pyramiden

Quadratische Pyramide

Eine quadratische *Pyramide* ist ein Spitzkörper, dessen Grundfläche ein Quadrat mit der Grundseite a ist.

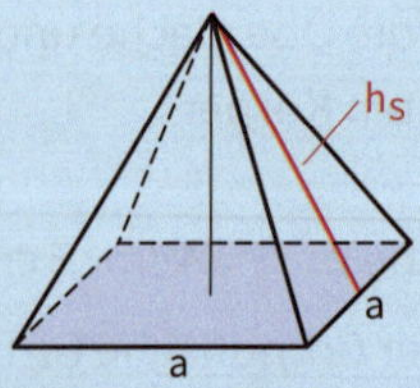

Die Mantelfläche der Pyramide besteht aus vier flächengleichen Dreiecken.

① Mantelfläche M: $M = 4 \cdot \frac{a \cdot h_s}{2} = 2 \cdot a \cdot h_s$

② Oberfläche O: $O = G + M = a^2 + 2 \cdot a \cdot h_s$

WEBCODE WES-121591-062

Oberfläche einer quadratischen Pyramide berechnen

Berechne den Mantel und die Oberfläche der quadratischen Pyramide mit der Grundseite a = 4 cm und der Höhe der Seitenfläche $h_s = 6\,cm$.

Grundfläche G: $G = a^2 = 16\,cm^2$

① Mantelfläche M:
$M = 2 \cdot a \cdot h_s = 2 \cdot 4\,cm \cdot 6\,cm$
$= 48\,cm^2$

② Oberfläche O:
$O = G + M = 16\,cm^2 + 48\,cm^2$
$= 64\,cm^2$

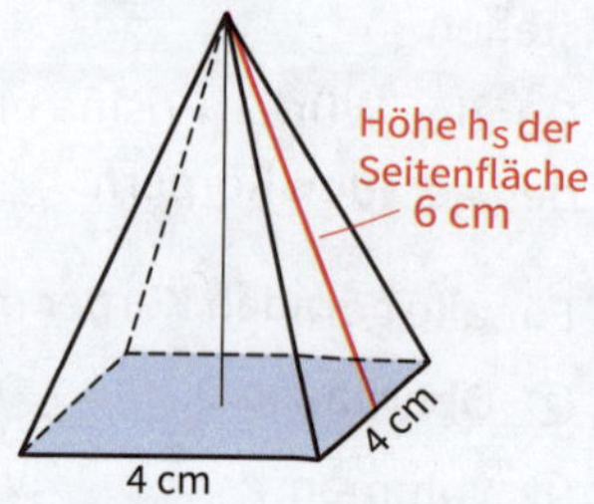

1 Berechne den Mantel und die Oberfläche der folgenden quadratischen Pyramide.
a) a = 4 cm; $h_s = 7\,cm$ b) a = 8 cm; $h_s = 11\,cm$ c) a = 42 m; $h_s = 67\,m$

2 Eine quadratische Pyramide hat die Grundseite a = 3 cm und die Höhe der Seitenfläche $h_s = 5\,cm$.
a) Skizziere ein maßstabsgerechtes Netz der Pyramide.
b) Berechne den Mantel und die Oberfläche der Pyramide.

3 Eine quadratische Pyramide hat die Grundseite a = 6 cm. Der Winkel zwischen den beiden Höhen h_s beträgt in Punkt S 90°. Berechne die Oberfläche der Pyramide.

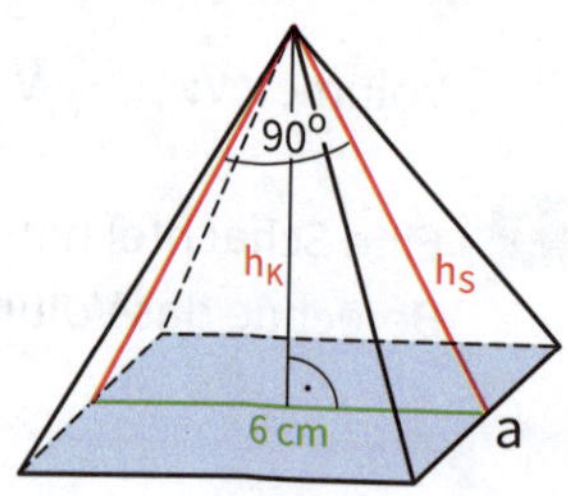

4 Gegeben ist eine Pyramide mit rechteckiger Grundfläche G mit den beiden Grundseiten a = 8 cm und b = 4 cm sowie den Höhen der Seitenflächen $h_a = 3{,}6\,cm$ und $h_b = 5\,cm$.
a) Der Mantel besteht aus vier gleichschenkligen Dreiecken, von denen jeweils zwei flächengleich sind. Bestimme, wie groß der Inhalt des Mantels M ist.

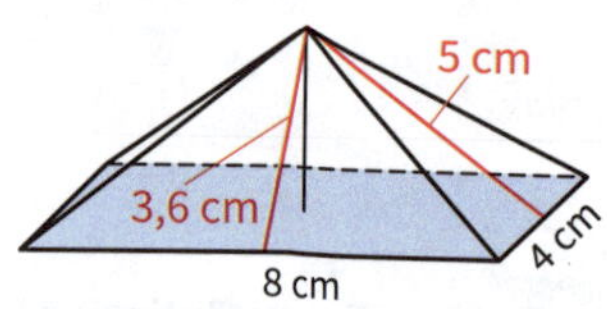

b) Berechne die Oberfläche O der Pyramide.

O = G + M =

Oberflächen von Kegeln

Kegel

Ein Kegel ist ein Spitzkörper, dessen Grundfläche ein Kreis mit dem Radius r ist.

Die Mantelfläche des Kegels ist ein Kreisausschnitt mit dem Radius s.

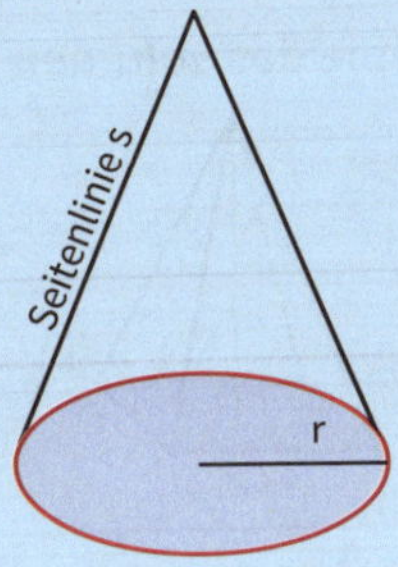

Grundfläche G: $G = \pi \cdot r^2$

① Mantelfläche M: $M = \pi \cdot r \cdot s$

② Oberfläche O: $O = G + M = \pi \cdot (r^2 + r \cdot s)$

WEBCODE WES-121591-063

Oberfläche eines Kegels berechnen

Berechne die Mantelfläche und die Oberfläche des Kegels mit r = 4 cm und s = 7 cm und die Bogenlänge b des Mantels.

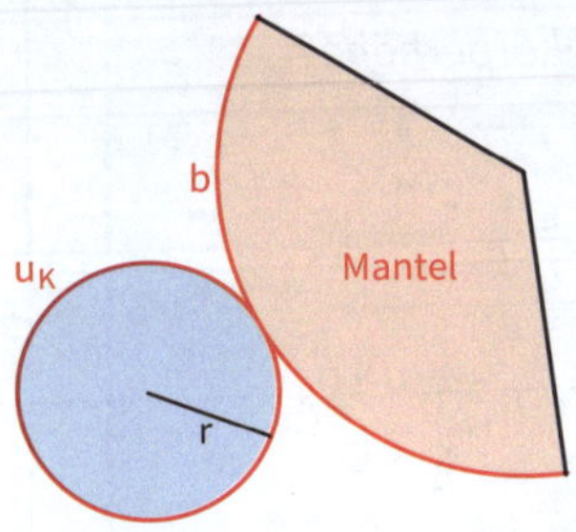

$G = \pi \cdot (4\,cm)^2 \approx 50{,}27\,cm^2$

① $M = \pi \cdot 4\,cm \cdot 7\,cm \approx 87{,}96\,cm^2$

② $O = G + M \approx 138{,}23\,cm^2$

Die Bogenlänge b ist genauso groß wie der Umfang u_K des Kreises.

$b = u_K = 2\pi r = 2\pi \cdot 4\,m \approx 25{,}13\,cm$

1 Berechne die Mantelfläche und die Oberfläche des Kegels.

a) r = 8 cm; s = 15 cm b) r = 1,4 dm; s = 3 dm c) r = 0,5 cm; s = 3 cm

2 Gegeben ist das nebenstehende Netz eines Kegels.

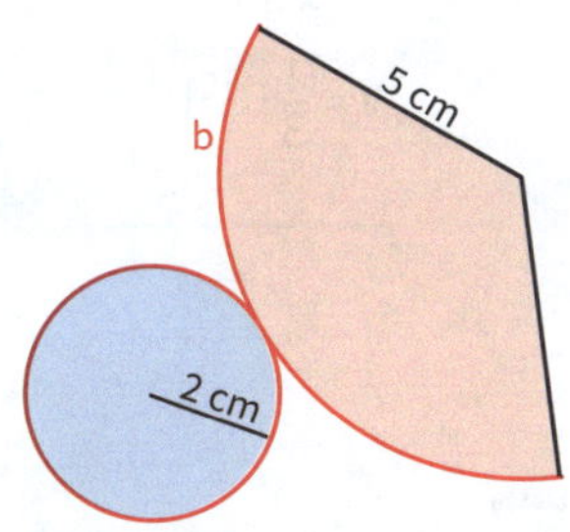

a) Berechne den Inhalt der Oberfläche. Runde auf eine Stellen nach dem Komma.

O = G + M = ______________________

____

b) Berechne, wie lang der Kreisbogen b des Mantels ist.

$b = u_K =$ ______________________

3 Von einem Kegel sind zwei Maße gegeben. Berechne seine Oberfläche. Runde sinnvoll.

a)

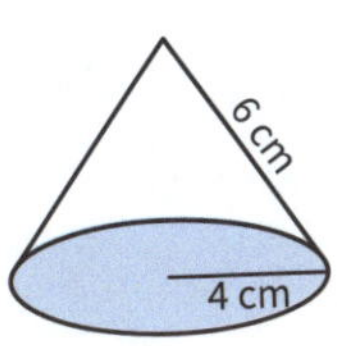

r = __________; s = __________

____

____

____

b)

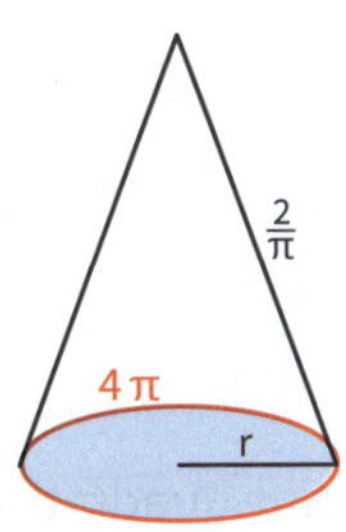

$u_K =$ __________; s = __________

____

____

____

4 Von einem Kegel sind die Körperhöhe $h_K = 4{,}5\,cm$ und $s = 5{,}3\,cm$ gegeben.

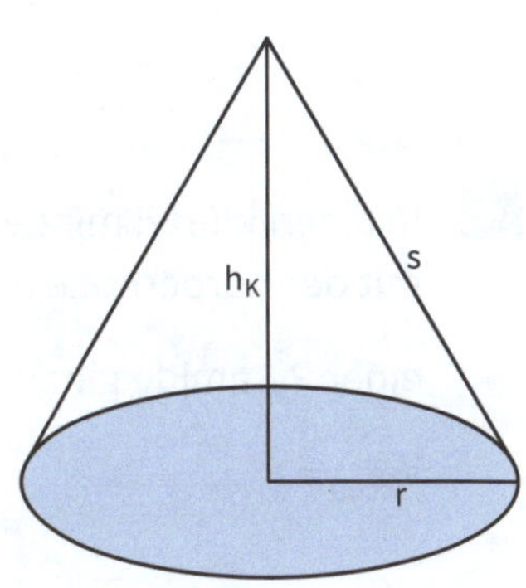

a) Berechne die Länge von r.

____

____

b) Bestimme, wie groß die Oberfläche des Kegels ist. Runde sinnvoll.

____

____

Volumen von Pyramide und Kegel

Volumen von Spitzkörpern

Das Volumen von Spitzkörpern wie Kegel oder Pyramide wird stets nach folgendem Prinzip berechnet:

Volumen $V = \frac{1}{3} \cdot$ *Grundfläche* $G \cdot$ *Körperhöhe* h_K

① Dreieckige Pyramide: $V = \frac{1}{3} \cdot G \cdot h_K = \frac{1}{3} \cdot \frac{c \cdot h_c}{2} \cdot h_K$

② Quadratische Pyramide: $V = \frac{1}{3} \cdot G \cdot h_K = \frac{1}{3} \cdot a^2 \cdot h_K$

③ Kegel: $V = \frac{1}{3} \cdot G \cdot h_K = \frac{1}{3} \cdot \pi r^2 \cdot h_K$

WEBCODE WES-121591-064

Volumen von Pyramide und Kegel

Berechne das Volumen des Körpers.

①

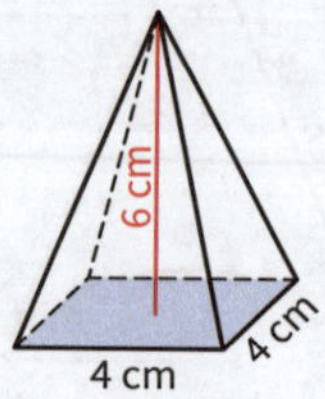

$V = \frac{1}{3} \cdot G \cdot h_K$

$= \frac{1}{3} \cdot a^2 \cdot h_K$

$= \frac{1}{3} \cdot (4\,cm)^2 \cdot 6\,cm$

$= 2 \cdot 16\,cm^3 = 32\,cm^3$

②

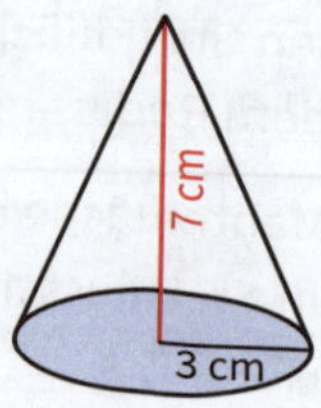

$V = \frac{1}{3} \cdot G \cdot h_K$

$= \frac{1}{3} \cdot \pi r^2 \cdot h_K$

$= \frac{1}{3} \cdot \pi \cdot (3\,cm)^2 \cdot 7\,cm$

$= 21 \cdot \pi\,cm^3 \approx 66\,cm^3$

1 Berechne das Volumen des Körpers. Runde auf eine Stelle nach dem Komma, falls nötig.

a)

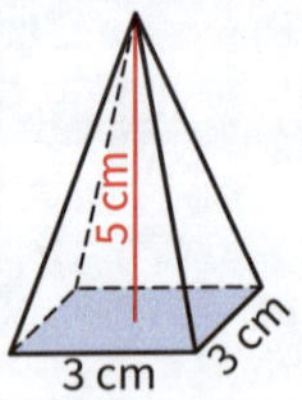

$V = \frac{1}{3} \cdot G \cdot h_K$

b)

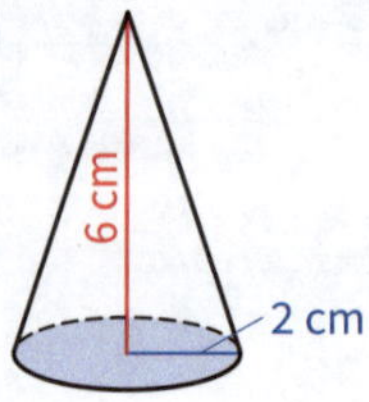

V =

c)

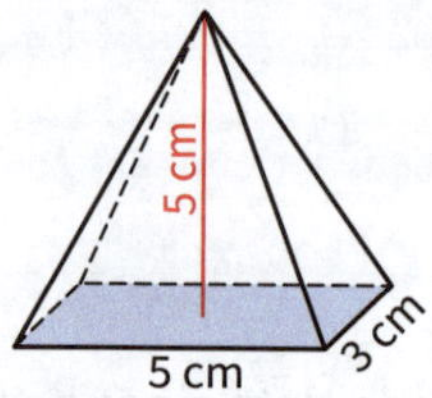

V =

d)

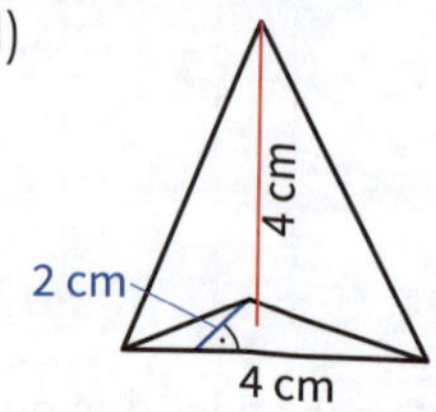

V =

2 Bestimme zuerst h_K. Berechne dann das Volumen des Körpers. Runde sinnvoll.

a)

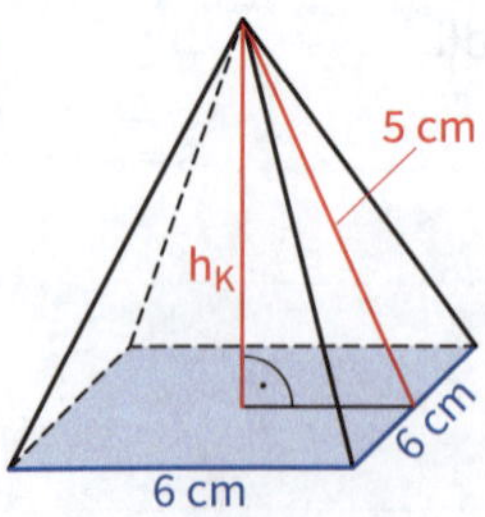

b)

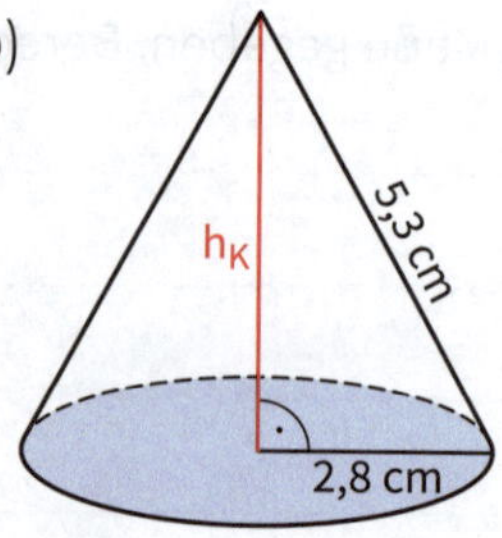

3 Berechne, welche Kantenlänge a eine quadratische Pyramide mit $V = 75\,cm^3$ und $h_K = 9\,cm$ hat.

4 In einen Würfel mit der Kantenlänge a passen genau 6 quadratische Pyramiden mit der Körperhöhe $h_K = \frac{1}{2}$ a. Zeige rechnerisch, dass das für das Volumen V einer Pyramide gilt: $V = \frac{1}{3} a^2 h_K$

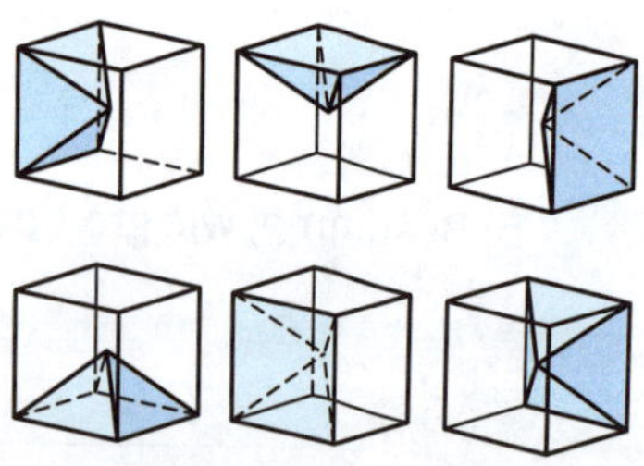

$V_{Würfel} = a^3$

Oberfläche der Kugel

Formel zur Berechnung der Kugeloberfläche

Eine *Kugel* ist ein Körper ohne Ecken und Kanten. Alle Punkte auf der Kugeloberfläche haben von einem Mittelpunkt M stets den gleichen Abstand r.

Man kann die Oberfläche einer Kugel mit der folgenden Formel berechnen:

$O = 4 \cdot \pi \cdot r^2$

WEBCODE WES-121591-065

Die Oberfläche einer Kugel berechnen

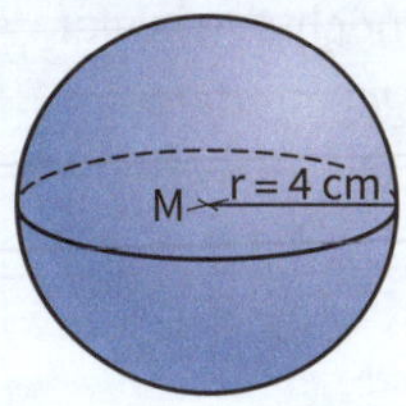

Berechne die Oberfläche der dargestellten Kugel.

$O = 4 \cdot \pi \cdot r^2$
$= 4 \cdot \pi \cdot (4\,\text{cm})^2$
$= 4\pi \cdot 16\,\text{cm}^2$
$= 64\pi\,\text{cm}^2 \approx 201{,}1\,\text{cm}^2$

1 Berechne die Oberfläche der Kugel. Runde auf eine Stelle nach dem Komma.

a) $r = 8\,\text{cm}$ b) $d = 24\,\text{mm}$ c) $r = \sqrt{\frac{15}{\pi}}\,\text{cm}$

O = ______ O = ______ O = ______

2 Die Erde hat eine Oberfläche von ca. 510 Mio. km².

a) Überprüfe diesen Wert mit dem mittleren Erdradius $r = 6\,371\,\text{km}$.

______

b) Die Landfläche nimmt ca. 149 Mio. km² ein. In welchem Verhältnis $A_{Land} : A_{Wasser}$ stehen Land- und Wasserfläche zueinander?

______

3 Franzi, Uli, Chris und Karo haben jeweils die Formel für die Oberfläche einer Kugel nach r umgestellt.

a) Überprüfe, welche der umgestellten Formeln richtig (r) und welche falsch (f) ist. Kreuze an.

______

Franzi: $r = \sqrt{\frac{O}{4\pi}}$ r☐ f☐ *Uli:* $r = \sqrt{\frac{4 \cdot O}{\pi}}$ r☐ f☐ *Chris:* $r = \sqrt{\frac{4\pi}{O}}$ r☐ f☐ *Karo:* $r = \frac{1}{2}\sqrt{\frac{O}{\pi}}$ r☐ f☐

b) Berechne, welchen Radius r eine Kugel hat, deren Oberfläche $O = 100\pi\,\text{dm}^2$ groß ist.

______

4 Das Pantheon in Rom hat ein halbkugelähnliches Kuppeldach. Die Innenwand des Kuppeldachs soll mit Farbe neu gestrichen werden.

a) Berechne, wie groß die zu streichende Innenfläche des Kuppeldachs ist, wenn der Innendurchmesser des Kuppeldachs $d = 50\,\text{m}$ beträgt.

b) Berechne, wie groß die zu streichende Außenfläche ist, wenn die Wandstärke $w = 24\,\text{cm}$ beträgt.

c) Bestimme, wie viele Eimer Farbe benötigt werden, wenn ein Farbeimer für eine Fläche von 45 m² reicht.

Volumen der Kugel

Formel zur Berechnung des Kugelvolumens

Kugeln werden für viele technische Bereiche hergestellt. Wenn man erfahren möchte, wie viel Material für das Formen einer Kugel mit dem Radius r benötigt wird, muss das Volumen der Kugel berechnet werden.
Das Volumen einer Kugel mit dem Radius r berechnet man wie folgt:

$$V = \frac{4}{3} \cdot \pi \cdot r^3$$

WEBCODE WES-121591-066

Das Volumen einer Kugel berechnen

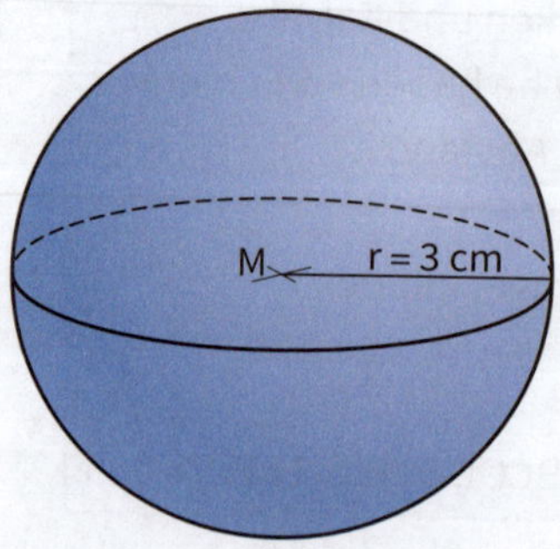

Berechne das Volumen der dargestellten Kugel.

$V = \frac{4}{3} \cdot \pi \cdot r^3$

$= \frac{4}{3} \cdot \pi \cdot (3\,\text{cm})^3$

$= \frac{4}{3} \cdot \pi \cdot 27\,\text{cm}^3$

$= 36\pi\,\text{cm}^3 \approx 113{,}1\,\text{cm}^3$

1 Berechne das Volumen des Körpers. Runde auf eine Stelle nach dem Komma, falls nötig.

a) Sitzball mit r = 38 cm

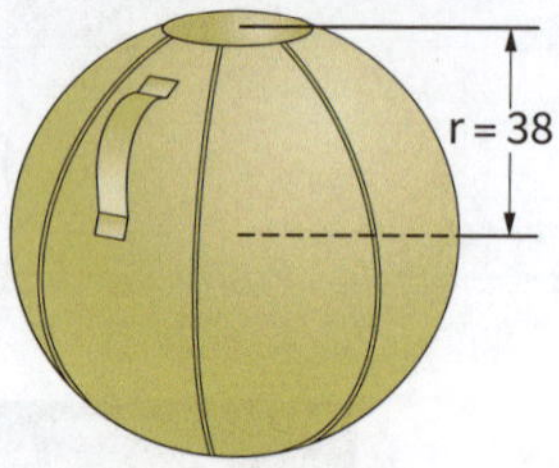

V = ____________

b) Fußball mit r = 11 cm

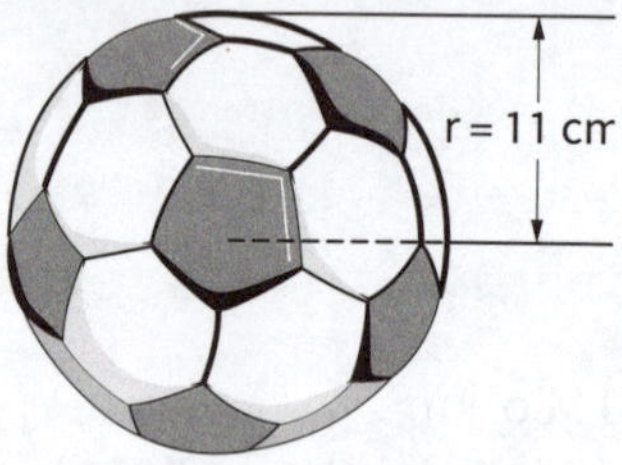

V = ____________

c) Billardkugel mit d = 5,7 cm

V = ____________

2 Berechne das Volumen und die Oberfläche der Kugel.

a) r = 4 cm

b) d = 50 m

3 Eine Kugel mit dem Radius r = 4 cm, ein Zylinder mit der Grundfläche $G = \pi r^2$ und der Zylinderhöhe $h_K = r$ sowie ein Würfel mit der Kantenlänge a = r sollen auf ihre Eignung als Isoliergefäß untersucht werden.

a) Berechne zuerst Oberfläche und Volumen der aufgeführten Körper.

Körper	Oberfläche	Volumen
Kugel	O =	V =
Zylinder	O =	V =
Würfel	O =	V =

b) Antonia, Benjamin und Matteo diskutieren, welcher Körper am besten als Isoliergefäß geeignet ist.
Benjamin meint: *„Der Körper, der die kleinste Oberfläche hat, ist am besten als Isoliergefäß geeignet."*
Überlege, ob Benjamins Feststellung zutrifft und begründe.

4 ✪ Während der napoleonischen Feldzüge waren Soldaten manchmal darauf angewiesen, gusseiserne Kanonenkugeln wieder einzuschmelzen, um neue Kugeln für Gewehre herzustellen. Berechne, wie viele Gewehrkugeln mit einem Durchmesser von 12 mm aus einer Kanonenkugel mit dem Radius r = 9 cm gegossen werden konnten.

Zusammengesetzte und ausgehöhlte Körper

Volumen zusammengesetzter Körper

Manche Körper bestehen aus mehreren leichter zu berechnenden Einzelkörpern oder es werden einfach zu berechnende Körper ausgelassen. Ein Kirchturm kann beispielsweise gedanklich in die die Grundkörper Quader und quadratische Pyramide zerlegt werden.

Das Volumen eines zusammengesetzten oder ausgehöhlten Körpers berechnet man dann, indem man die Volumina der Einzelkörper addiert oder subtrahiert.

▶ WEBCODE WES-121591-067

Materialbedarf zur Herstellung von Körpern berechnen

Berechne, wie viel Material benötigt wird, um die dargestellten Körper aus Eisen zu gießen.

①

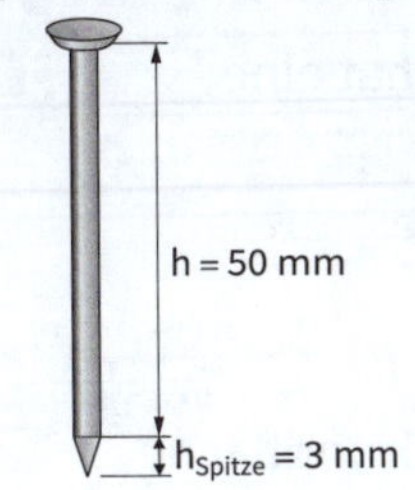

Grundkörper A: Zylinder
Grundkörper B: Kegel

$V_A = \pi r^2 h = \pi \cdot 2^2 \cdot 50\,mm^3$

$V_B = \frac{1}{3}\pi r^2 h = \frac{1}{3}\pi \cdot 2^2 \cdot 3\,mm^3$

$V_{Ges} = V_A + V_B \approx 640{,}9\,mm^3$

②

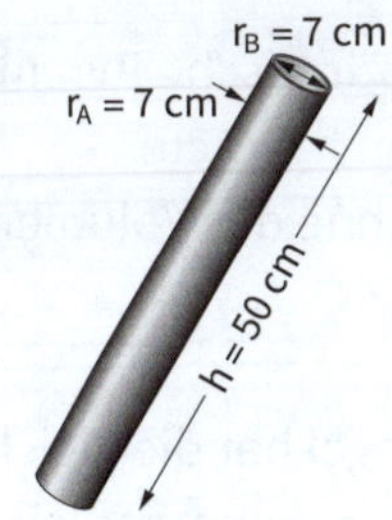

Grundkörper A: Zylinder mit r_A
Grundkörper B: Zylinder mit r_B

$V_A = \pi r_A^2 h = \pi \cdot 7^2 \cdot 50\,cm^3$

$V_B = \pi r_B^2 h = \pi \cdot 6{,}5^2 \cdot 50\,cm^3$

$V_{Ges} = V_A - V_B \approx 1\,060{,}3\,cm^3$

1 Das gezeigte Gebäude ist ein Gasspeicher.

a) Beschreibe, aus welchen Körpern er zusammengesetzt ist und erstelle eine Kurzformel für das Volumen des Gasspeichers.

V = ______________________________

b) Berechne das Volumen des Gasspeichers für $r = 4{,}5\,m$; $h_Z = 4\,m$; $h_K = 2\,m$.

V = ______________________________

2 Eine Doppelspitzboje dient zum Befestigen von kleineren Booten. Die abgebildete hat einen Durchmesser von 3,5 dm und eine Gesamthöhe von 8,2 dm.

a) Berechne das Volumen V.

____

b) Die Seitenlinie des Kegelmantels hat die Länge $s = 4{,}5\,dm$. Überprüfe, ob der Wert $O \approx 49\,dm^2$ für die Oberfläche de Boje zutrifft.

____

3 Aus einem Würfel W wird an zwei gegenüber liegenden Seitenflächen jeweils eine Halbkugel H_K herausgeschnitten. Mit welchen Kurzformeln berechnest du das Volumen des ausgehöhlten Körpers? Kreuze an und schreibe die Formel für die Kantenlänge $a = 2r$.

① $V = V_W + 2V_{HK}$ ☐ ② $V = V_W - 2V_{HK}$ ☐ ③ $V = V_W - V_{Kugel}$ ☐ ④ $V = V_W - V_{HK}$ ☐

4 ✪ Eine Rohrleitung für Abwasser wird aus mehreren gleichartigen Betonkörpern gebaut. Das Außenmaß eines dieser Körper entspricht einem Würfel mit der Kantenlänge $a = 1{,}60\,m$. Die weiteren Abmessungen werden im nebenstehenden Querschnitt dargestellt. Berechne das Volumen eines Betonkörpers und gib dessen Gewicht an, wenn ein Liter Beton ca. 2,4 kg Gewicht hat.

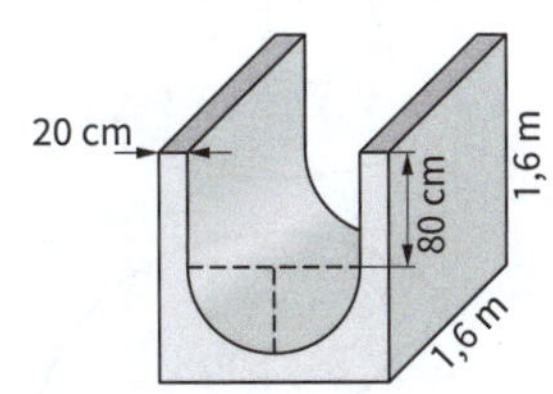

Starte bei Level 1 und löse mindestens zwei Aufgaben des Levels. Gehe anschließend zum nächsten Level weiter und fahre so fort.

Level 1

1 Eine quadratische Pyramide ($a = 6\,cm$) hat eine Höhe von $h_K = 7\,cm$.

a) Berechne das Volumen der Pyramide.

b) Ein Kegel hat die gleiche Größe der Grundfläche und des Volumens wie die Pyramide. Gib die Höhe des Kegels an ohne zu rechnen.

2 Helen findet im Internet zu Oberflächen von Körpern folgende Formeln. Prüfe durch Ausmultiplizieren, ob sie korrekt sind.

a) Oberfläche einer quadratischen Pyramide:

$O = a \cdot (a + 2h_S) =$

b) Oberfläche eines Kegels:

$O = \pi r \cdot (r + s) =$

3 Ein Viertel-Zylinder hat die Grundfläche G und die Höhe $h_K = 8\,cm$. Ben berechnet erst die Fläche G des Kreissektors und dann das Volumen. Berechne das Volumen einfacher.

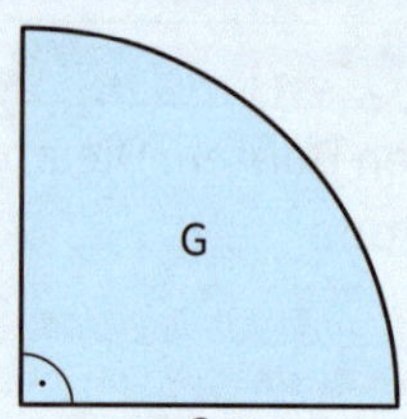

$V = \frac{1}{4} \cdot$

Level 2

4 Gegeben ist ein Kegel und drei Kegelmäntel.

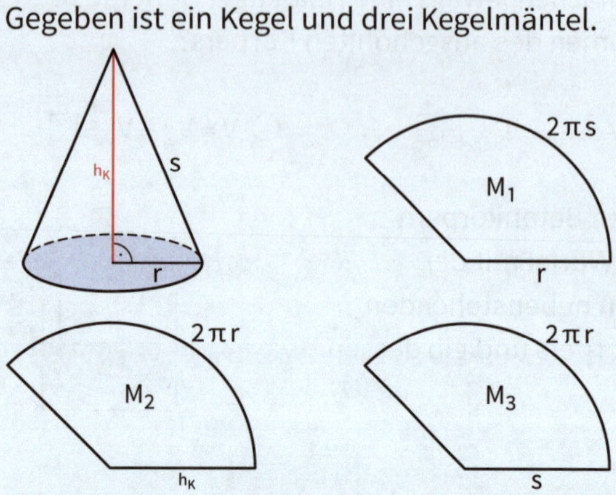

Welcher Mantel hat die korrekten Bezeichnungen?
Kreuze an. M1 ☐ M2 ☐ M3 ☐

5 Das Netz eines Fußballs ($r = 11\,cm$) besteht aus 12 Fünf- und 20 Sechsecke mit jeweils der Kantenlänge $a = 4\,cm$.

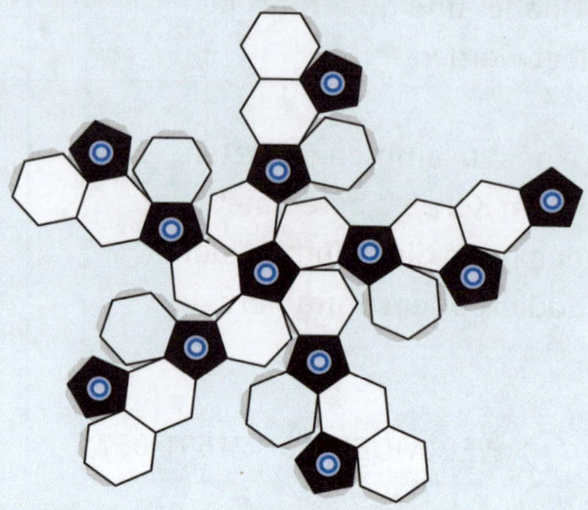

a) Die Fläche eines Fünfecks berechnet man mit $A_5 \approx 1{,}72 \cdot a^2$, die eines Sechsecks mit $A_6 \approx 2{,}60 \cdot a^2$. Berechne die Fläche A des Fußballnetzes.

$A = \_\_\_ \cdot A_5 + \_\_\_ \cdot A_6 =$

b) Pumpt man den Fußball maximal auf, hat er die Form einer Kugel mit $r = 11\,cm$. Um wie viel Prozent ist die Oberfläche des aufgepumpten Fußballs größer als sein Netz?

6 Von einer Kugel ist das Volumen $V = 36\pi\,cm^3$ gegeben. Wie groß ist ihre Oberfläche?

Level 3

7 Von einem Kegel ist der Mantel M gegeben.

a) Berechne den Radius r der Grundfläche G.

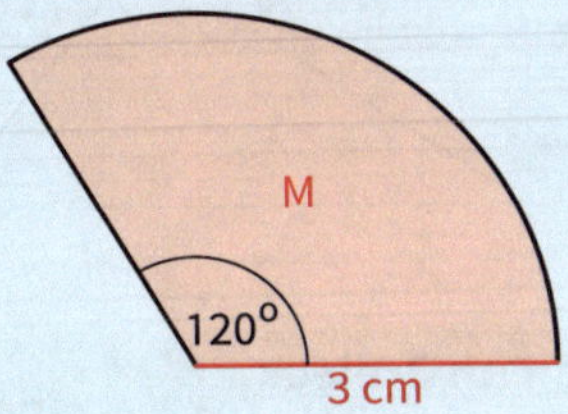

b) Welches Volumen hat ein Kegel mit gleicher Grundfläche und $h_K = 8\,cm$?

8 ✪ Ein 100 m langer Tunnel wird durch einen Berg gebohrt.

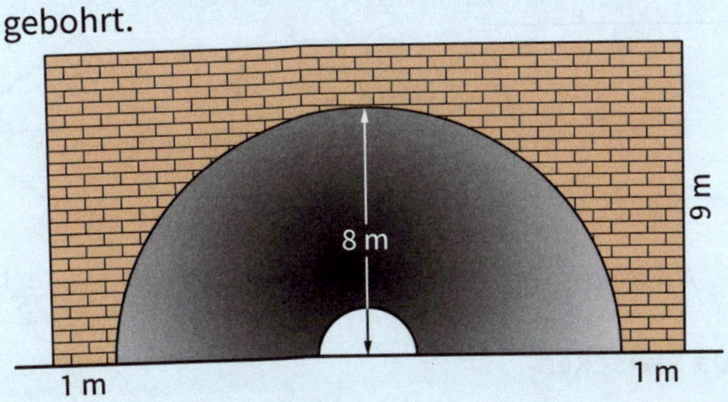

Damit er nicht einstürzt, wird ein Mantel aus Beton gegossen. Wie viel m^3 Beton wird benötigt? Runde auf eine ganze Zahl.

9 ✪ Gegeben ist die Mantelfläche $M = 65{,}92\,cm^2$ eines Kegels mit Kreisbogen $2\pi r = 18{,}85\,cm$.

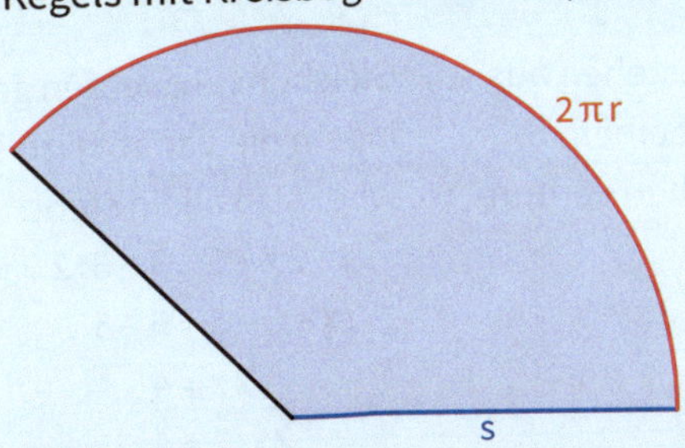

Berechne die Kantenlänge s des Kegelmantels und bestimme anschließend die Grundfläche G und das Volumen V des Kegels.

s = ______

Level 4

10 Gegeben ist eine Kugel mit dem Radius r.
Bestätige die Aussage mit den geeigneten Formeln.

a) Die Oberfläche der Kugel ist so groß wie die eines Zylinders mit Radius r und Höhe $h_K = r$.

b) Das Volumen der Kugel ist so groß wie das von vier Kegeln mit jeweils Radius r und Höhe $h_K = r$.

11 Bei der Herleitung der Formel $S = \frac{1}{2}br$ für die Fläche S eines Kreissektors sind einige Informationen verloren gegangen. Vervollständige.

$S = \pi r^2 \cdot \frac{\alpha}{360°} = 1 \cdot \pi r \cdot \frac{\alpha}{360°} \cdot \_\_\_$

$= \frac{1}{2} \cdot 2 \cdot \_\_\_ \cdot \frac{\alpha}{360°} \cdot \_\_\_$

$= \frac{1}{2} \cdot \_\_\_ \; 2 \cdot \_\_\_ \cdot \frac{\alpha}{360°} \cdot \_\_\_$

$= \frac{1}{2} \cdot \_\_\_ \cdot \_\_\_$

12 Der Zeppelin hat eine Länge von 75 m. Sein größter Durchmesser beträgt 15 m.

Modelliere den Zeppelin mit einem geeigneten Körper und berechne sein Volumen. Runde auf eine ganze Zahl.

Formelsammlung

Konstruktion von Dreiecken

WSW:

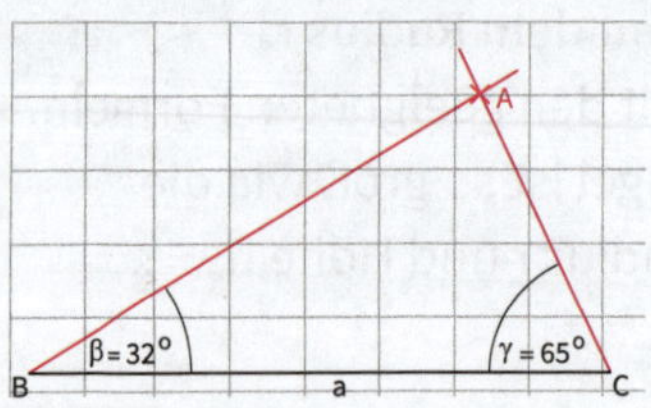

SWS:

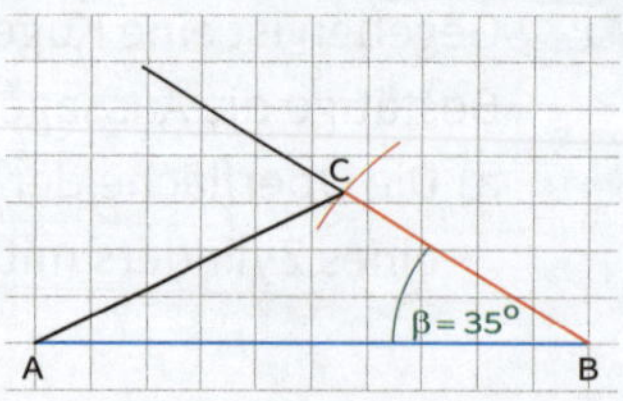

SSS:

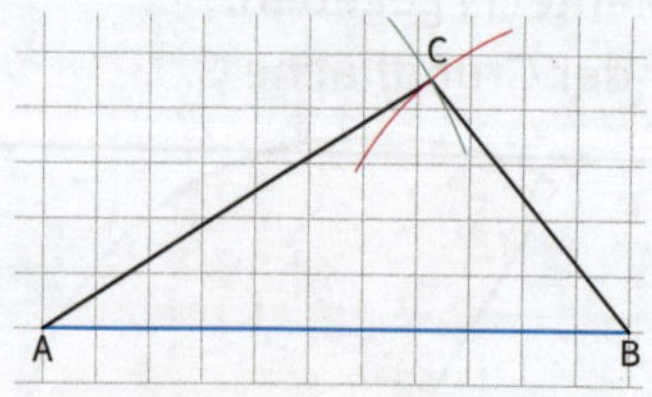

SsW:

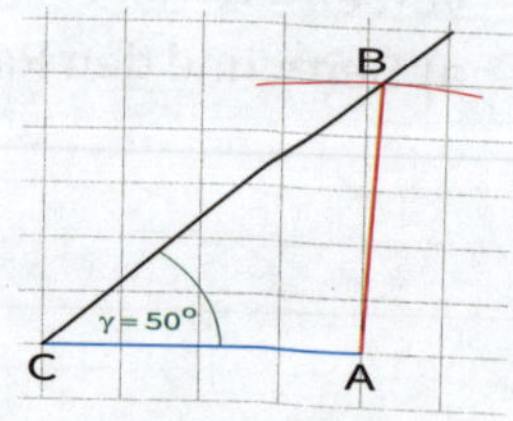

Besondere Linien im Dreieck

Höhe:
Eine Höhe ist eine Strecke, die eine Dreiecksseite mit der ihr gegenüber liegenden Ecke verbindet. Sie steht immer senkrecht auf einer Seite.

Winkelhalbierende:
Eine Winkelhalbierende ist ein Strahl, der im Scheitel eines Winkels entspringt. Jeder Punkt auf dem Strahl ist von den Schenkeln gleich weit entfernt.

Mittelsenkrechte:
Eine Mittelsenkrechte ist eine Gerade, deren Punkte von zwei Punkten A und B immer gleich weit entfernt sind.

Seitenhalbierende:
Eine Seitenhalbierende ist eine Strecke, die einen Eckpunkt mit dem Mittelpunkt der gegenüberliegenden Seite verbindet.

Flächeninhalt von Dreieck und Viereck

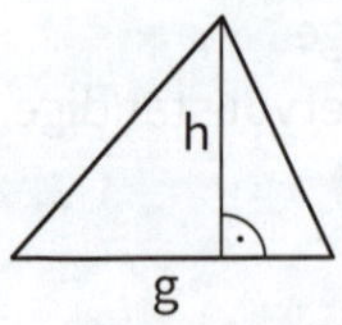

$A = \frac{(g \cdot h_g)}{2}$

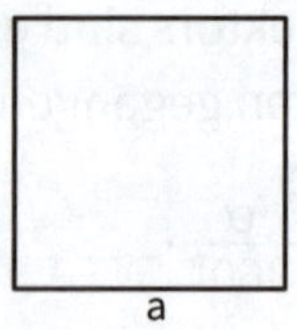

$A = a^2$

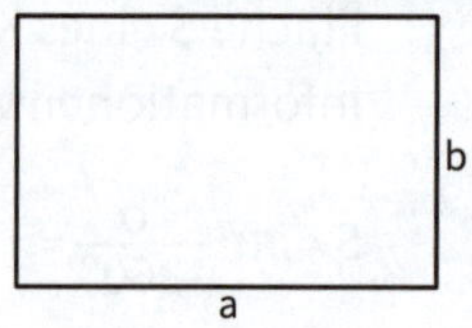

$A = a \cdot b$

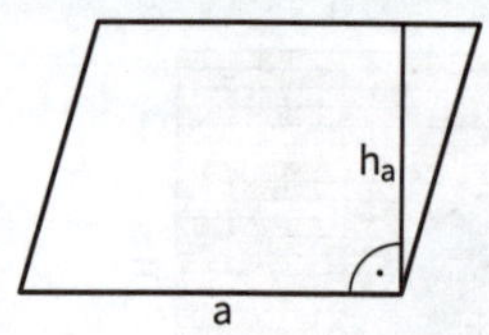

$A = a \cdot ha$

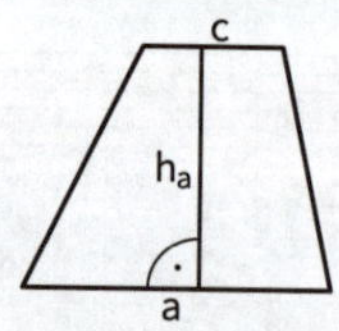

$A = \frac{(a + c)}{2} \cdot ha$

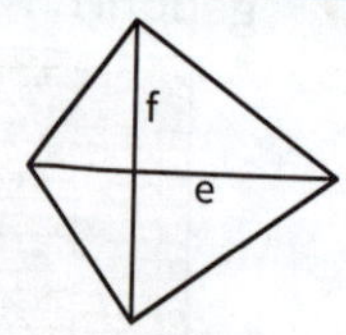

$A = \frac{e \cdot f}{2}$

Umfang von Dreiecken und Vielecken

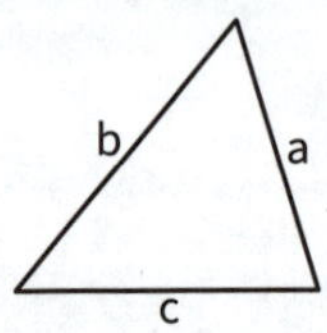

$u = a + b + c$

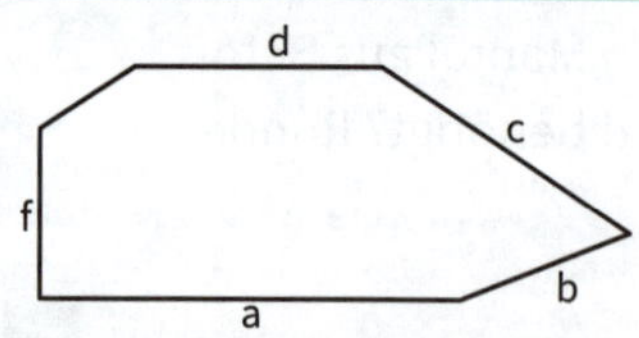

$u = a + b + c + d + e + f$
oder allgemein:
$u = a + b + c + \ldots$

Winkelsumme in Dreiecken und Vielecken

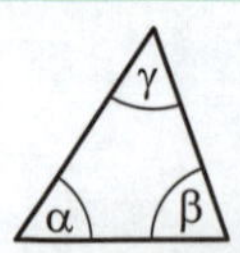

$\alpha + \beta + \gamma = 180°$

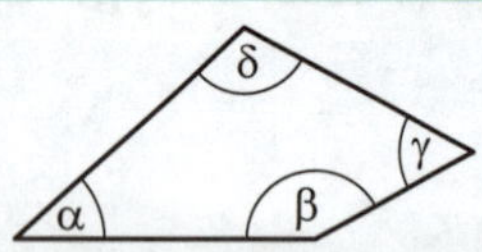

$\alpha + \beta + \gamma + \delta = 360°$

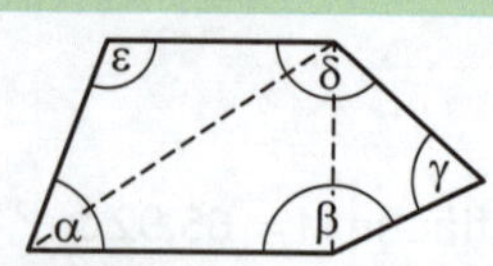

$\alpha + \beta + \gamma + \ldots = (n - 2) \cdot 180°$, n ist die Anzahl der Ecken der Figur

Terme und Gleichungen

Terme ohne Variablen:
$4 + (-3)$, $3 \cdot (-6)$
Terme mit Variablen:
$1 : x$, $y \cdot (x + 2)$

Terme werden vereinfacht, indem Zahlen und gleiche Variablen addiert oder subtrahiert werden.

$3 + x + 2y - 5 + 4x - y$
$= -2 + 5x - y$

Gleichungen bestehen aus Termen, die mit einem Gleichheitszeichen verbunden werden.

$7x + 3 + 2x - 8 = 2x + 5$

Gleichungen werden gelöst, indem die Variable isoliert wird. Also allein steht.

$2x + 5 = 9 - 5 : 2 \quad | -5$
$2x + 5 - 5 = 9 - 5$
$2x = 4 \quad | :2$
$2x : 2 = 4 : 2$
$x = 2$

Mittelwert, Spannweite und Median

Mittelwert (Durchschnitt): Addiere alle Daten und teile die Summe durch die Anzahl der Daten.

Spannweite: Berechne die Differenz zwischen größten und kleinsten Wert aus der Liste der Daten.

Median (Zentralwert): Ordne die Daten nach ihrer Größe und notiere den Wert in der Mitte.

Absolute und relative Häufigkeit

Absolute Häufigkeit: Anzahl, mit der ein bestimmter Wert auftritt

$$\text{Relative Häufigkeit} = \frac{\text{absolute Häufigkeit}}{\text{Gesamtzahl der Werte}}$$

Daten und Zufall

Ergebnis: einzelne Ausfälle eines Zufallsexperimentes

Ereignis: Viele Ergebnisse können zu einem Ereignis P(E) zusammengefasst werden.

Gegenereignis: Das Gegenereignis $P(\overline{E})$ umfasst alle Ergebnisse, die nicht im Ereignis zusammengefasst sind. $P(\overline{E}) = 1 - P(E)$ oder $P(E) + P(\overline{E}) = 1$

Laplace - Experiment: Zufallsversuch, bei dem jedes Ergebnis mit der gleichen Wahrscheinlichkeit eintritt.

Mehrstufige Zufallsexperimente und Baumdiagramme

Zweistufige Zufallsexperimente: Zufallsexperimente, die aus zwei Teilexperimenten bestehen, werden als zweistufige Zufallsexperimente bezeichnet. Das zweimalige Drehen eines Glücksrads ist ein zweistufiges Zufallsexperiment. Die beiden Teilexperimente sind jeweils das einfache Drehen.

Es gibt insgesamt sechs mögliche Ergebnisse: (R, R); (R, W); (B, R); (B, W); (W, R); (W, W)

Die Wahrscheinlichkeit für jedes der möglichen Ergebnisse beträgt:

$P(R, R) = \ldots = P(W, W) = \frac{1}{6} = 0{,}1\overline{6} = 16{,}\overline{6}\,\% \approx 17\,\%$.

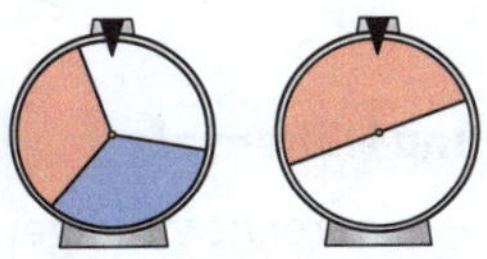

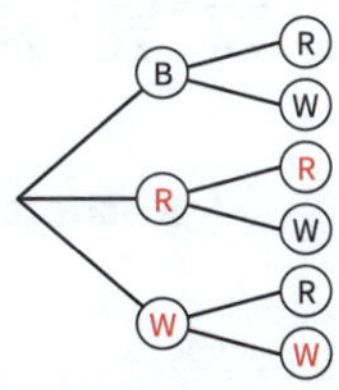

Anwendung der Pfadregeln

Produktregel:

$P(R, R) = \frac{1}{3} \cdot \frac{1}{2} = \frac{1}{6}$

$P(W, W) = \frac{1}{3} \cdot \frac{1}{2} = \frac{1}{6}$

Summenregel:

P(gleiche Farbe)

$= P(R, R) + P(W, W) = \frac{1}{6} + \frac{1}{6} = \frac{1}{3}$

Oberfläche von Würfel und Quader

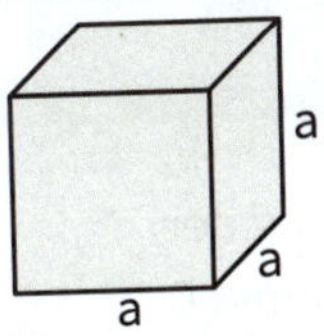

$O = 6 \cdot a \cdot a$
$= 6 \cdot a^2 = 6a^2$

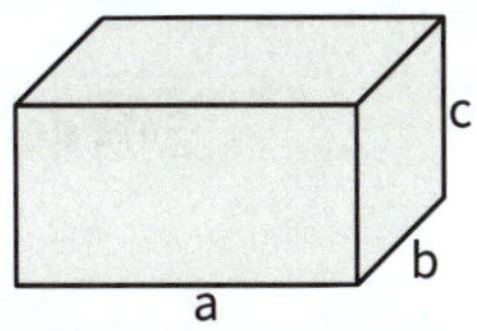

$O = 2 \cdot a \cdot b + 2 \cdot a \cdot c + 2 \cdot b \cdot c$
$= 2ab + 2ac + 2bc$

Volumen von Würfel und Quader

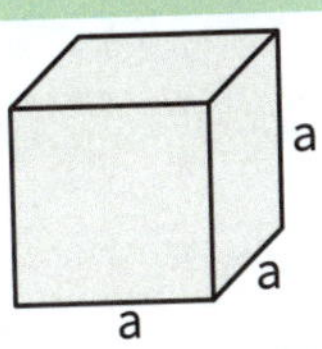

$V = a \cdot a \cdot a = a^3$

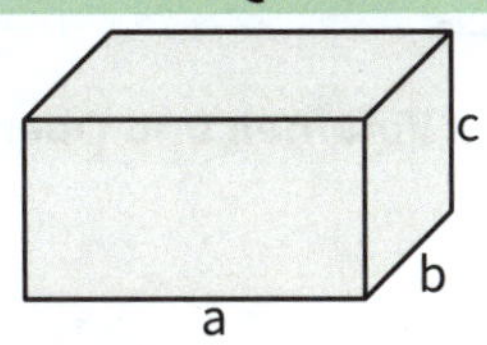

$V = a \cdot b \cdot c$

Umfang und Fläche des Kreises

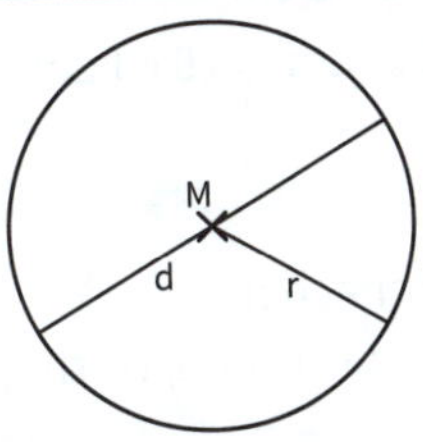

$u = \pi \cdot d$ oder $u = 2 \cdot \pi \cdot r$

$A = \pi \cdot r^2$

Bogenlänge und Flächeninhalte des Kreisausschnitts

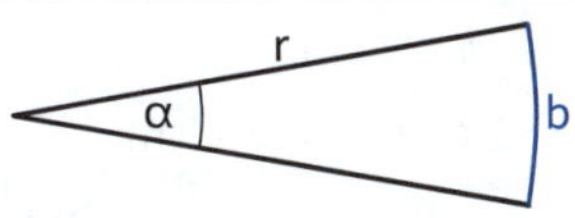

$b = u \cdot \frac{\alpha}{360°} = 2\pi r \cdot \frac{\alpha}{360°}$

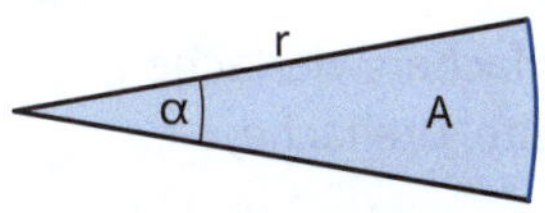

$A = A_{Kreis} \cdot \frac{\alpha}{360°} = 2\pi r^2 \cdot \frac{\alpha}{360°}$

Volumen und Oberfläche des Zylinders

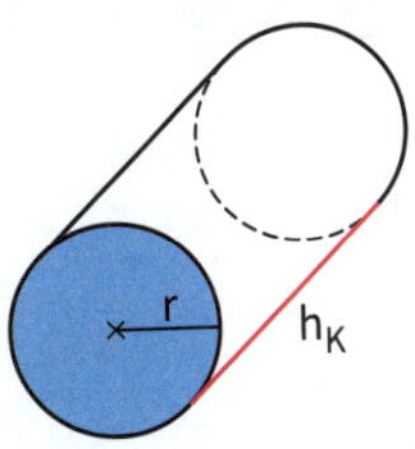

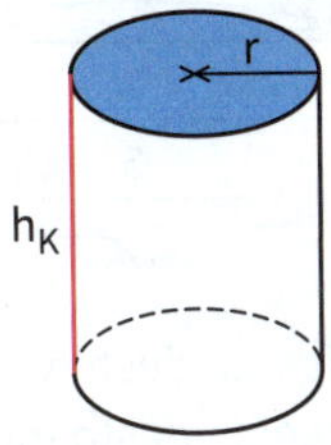

$V = G \cdot h_K$

Grundfläche: $G = \pi r^2$

$V = \pi r^2 \cdot h_K$

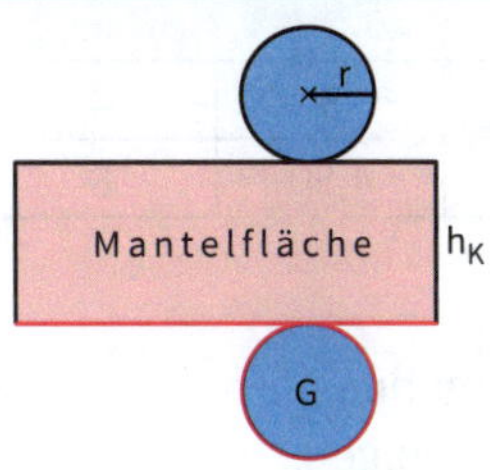

$O = 2 \cdot G + M$

Grundfläche: $G = \pi r^2$

$O = 2 \cdot \pi r^2 + 2\pi r \cdot h_K$

Mantelfläche: $M = 2\pi r \cdot h_K$

Formelsammlung

Prozentrechnung

Prozentwert W:
Dreisatz

100 % = 300 €
1 % = 3 €
25 % = 75 €

Grundwert G:
Dreisatz

30 % = 180 g
1 % = 6 g
100 % = 600 g

Prozentsatz p%:
Dreisatz

200 kg = 100 %
$1\,\text{kg} = \frac{100}{200\,\%} = \frac{1}{2}\,\%$
$18\,\text{kg} = 18 \cdot \frac{1}{2}\,\% = 9\,\%$

Prozentsatz p%:
Der Prozentsatz ist eine Verhältniszahl. Er wird als p% geschrieben.
$p\% = \frac{p}{100}$.

Volumen und Oberfläche von Pyramiden und Kegeln

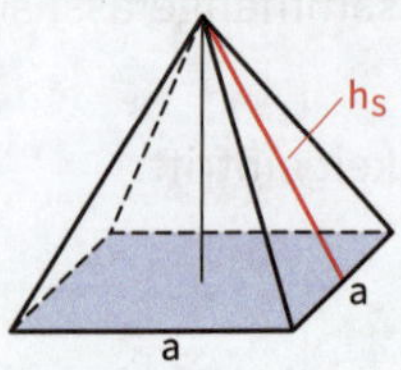

Oberfläche O:
$O = G + M = a^2 + 2 \cdot a \cdot h_s$

Volumen V:
$V = \frac{1}{3} \cdot G \cdot h_K = \frac{1}{3} \cdot a^2 \cdot h_K$

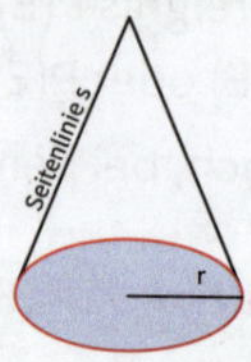

Oberfläche O:
$O = G + M = \pi \cdot (r^2 + r \cdot s)$

Volumen V:
$V = \frac{1}{3} \cdot G \cdot h_K = \frac{1}{3} \cdot \pi r^2 \cdot h_K$

Strahlensätze

Erster Strahlensatz

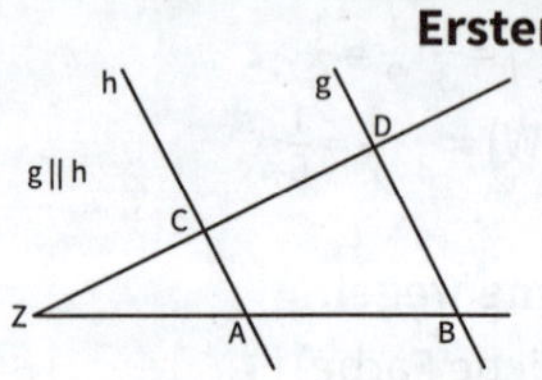

Es gilt:
$\frac{\overline{ZA}}{\overline{ZB}} = \frac{\overline{ZC}}{\overline{ZD}}$; $\frac{\overline{AB}}{\overline{ZA}} = \frac{\overline{CD}}{\overline{ZC}}$; $\frac{\overline{AB}}{\overline{ZB}} = \frac{\overline{CD}}{\overline{ZD}}$

Zweiter Strahlensatz

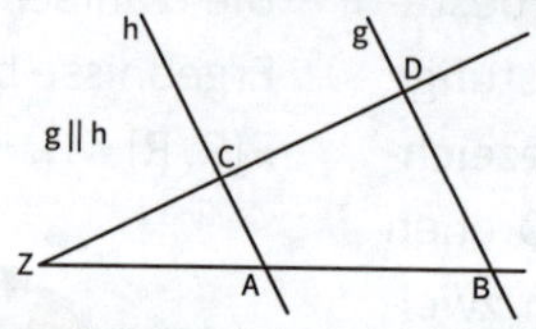

Es gilt:
$\frac{\overline{AC}}{\overline{BD}} = \frac{\overline{ZA}}{\overline{ZB}} = \frac{\overline{ZC}}{\overline{ZD}}$

Katheten- und Höhensatz

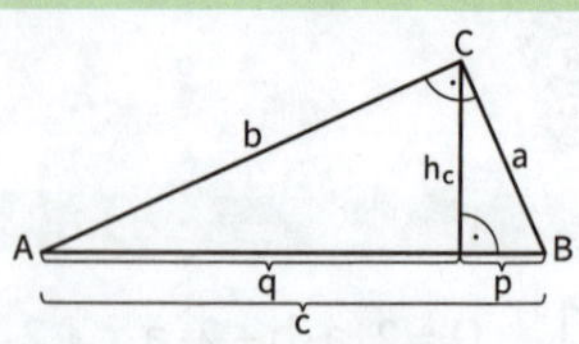

Im rechtwinkligen Dreieck ABC gilt dann:

① **Kathetensatz:** $a^2 = c \cdot p$ und $b^2 = c \cdot q$

② **Höhensatz:** $h^2 = p \cdot q$

Satz des Thales

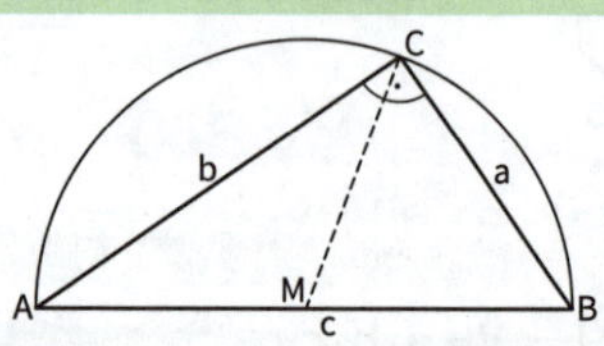

Wenn die Seite c eines Dreiecks ABC gleichzeitig der Durchmesser d eines Kreises ist und der Eckpunkt C auf dem Kreis über c liegt, dann ist das Dreieck ABC rechtwinklig mit $\gamma = 90°$.

Volumen und Oberfläche der Kugel

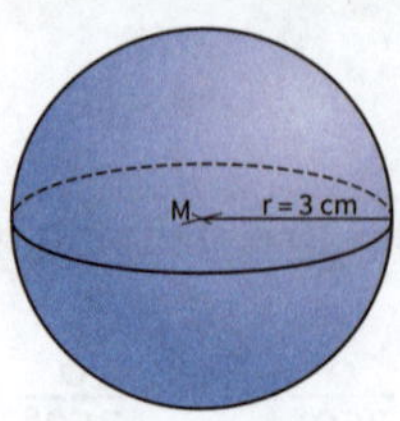

Volumen V:
$V = \frac{4}{3} \cdot \pi \cdot r^3$
$= \frac{4}{3} \cdot \pi \cdot (3\,\text{cm})^3$
$= \frac{4}{3} \cdot \pi \cdot 27\,\text{cm}^3$
$= 36\pi\,\text{cm}^3 \approx 113{,}1\,\text{cm}^3$

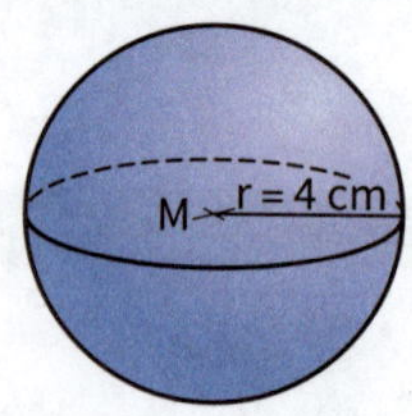

Oberfläche O:
$O = 4 \cdot \pi \cdot r^2$
$= 4 \cdot \pi \cdot (4\,\text{cm})^2$
$= 4\pi \cdot 16\,\text{cm}^2$
$= 64\pi\,\text{cm}^2 \approx 201{,}1\,\text{cm}^2$

Zuordnungen

Proportional: Zum Doppelten, Dreifachen, Vierfachen, ... der einen Größe gehört das Doppelte, Dreifache, Vierfache, ... der anderen Größe.

:3
·2

Kugel	1	2	3	4
Preis (€)	1,50	3	4,50	6

·2
:3

Antiproportional: Zum Doppelten, Dreifachen, Vierfachen, ... der einen Größe gehört das Halbe, Drittel, Viertel, ... der anderen Größe

·4

Hamster	1	2	4
Tage	10	5	2,5

:4

Merksätze: Je mehr..., desto mehr... oder Je weniger..., desto weniger...
Merksätze: Je mehr..., desto weniger... oder Je weniger..., desto mehr...